Schwalbenschwanz → S. 57

Faulbaum-Bläuling,
Garten-Bläuling → S. 58

Goldglänzender Rosenkäfer → S. 68

AF648585

Großer Kohlweißling → S. 55

Ligusterschwärmer → S. 60

Karstweißling → S. 56

Hornissenschwebfliege → S. 71

Hainschwebfliege,
Winterschwebfliege → S. 70

Gemeiner Widderbock → S. 64

Feldmaikäfer → S. 65

Asiatischer Marienkäfer,
Harlekin → S. 69

Gammaeule → S. 61

Balkenschröter → S. 63

Gemeine Florfliege → S. 73

Mistbiene → S. 72

Buchsbaumzünsler → S. 62

Taubenschwänzchen
→ S. 59

Fortsetzung auf hinterer Umschlagklappe

HANNES PETRISCHAK

GARTENTIERE LEBENSGROSS

DIE HÄUFIGSTEN ARTEN GANZ NAH

KOSMOS

INHALT

WIE KANN ICH GARTENTIERE FINDEN UND BEOBACHTEN?

Zu jeder Jahreszeit und an jedem Ort lassen sich Gartentiere aufspüren. Wenn wir einen Stein, einen Blumentopf oder ein Stück Totholz anheben, lösen wir sofort hektische Betriebsamkeit bei Kellerasseln, Steinläufern oder Ohrwürmern aus, die sich darunter verstecken. Beim Graben stoßen wir auf Regenwürmer und die Larven von Mai- und Junikäfern. Blühende Gehölze, Stauden und Kräuter werden von verschiedenen Insekten wie Wildbienen, Schmetterlingen und Schwebfliegen besucht und bestäubt. Einige Insekten erscheinen uns jedoch als ungebetene Gäste, etwa Wespen am Kaffeetisch oder Nacktschnecken und vielleicht auch Raupen im Gemüsebeet. Im Gebüsch vor dem Fenster und an der winterlichen Futterstelle lassen sich Vögel bequem durchs Fenster bei der Nahrungssuche beobachten. In der Dämmerung schleichen Fuchs und Igel ums Haus. Im Gartenteich erschließt sich ein eigener Kosmos, der dieses Buch allein sprengen würde und

Blühende Küchenkräuter – hier Schnittlauch – locken viele Insekten an.

nur durch einige repräsentative Arten wie Blaugrüne Mosaikjungfer, Erdkröte oder Ringelnatter abgebildet wird, die sich gelegentlich auch abseits von Gewässern in Gärten einfinden.
Viele Menschen sind intuitiv einigen Tieren eher zugeneigt als anderen. Igel, Schmetterlinge und Bienen finden in der Regel größeren Zuspruch als Wespen, Schnecken oder Spinnen. Doch lohnt es sich sehr, genauer hinzuschauen: Die meisten Wespenarten im Garten werden niemals lästig und daher zu Unrecht in Sippenhaft genommen. Es ist äußerst faszinierend, die Jagdtechniken der Zebraspringspinne oder der Hornisse zu beobachten. Alle Arten sind eingebunden in ein Netzwerk aus Räubern und ihrer Beute, Nutznießern und Gegenspielern. Verfolgt man eine Art in ihrem Verhalten oder ihrem Entwicklungszyklus im Laufe eines Jahres, wird dies unmittelbar deutlich: Die Larven der Hainschwebfliege erbeuten Blattläuse, werden aber selbst leicht zur Beute von Vögeln wie Mönchsgrasmücke und Kohlmeise. Gelingt es ihnen dennoch, sich hinreichend zu verbergen und schließlich aus der Puppe zu schlüpfen, verwirren sie potentielle Angreifer mit ihrem wespenartigen Farbmuster. So kann man im Garten vielfältige Formen von Räuber-Beute-Beziehungen sowie von Warnung, Tarnung und Täuschung beobachten. Und natürlich die Entwicklung der Tiere im Jahreslauf: Vielleicht zieht im Frühjahr eine Baumhummel-Königin in einen Vogelnistkasten ein und baut dort bis zum Sommer ein Volk auf, dessen Arbeiterinnen die

Der Gemeine Ohrwurm (Forficula auricularia) macht sich als Blattlausvertilger nützlich.

Die Lederwanze (Coreus marginatus) ist eine unserer häufigsten Wanzen.

Himbeerblüten besuchen. Hoch im Baum neben dem Haus kann eine Raben- oder Nebelkrähe ihr napfförmiges Nest oder ein Eichhörnchen seinen Kobel errichten und Einblicke in das Familienleben gewähren – möglicherweise ernten sie im Herbst gemeinsam den Walnussbaum im Vorgarten ab. Aus diesen wenigen Beispielen wird bereits deutlich, dass Gärten vielfältige Ökosysteme sein können, in denen man sehr schnell viel mehr als nur 68 Arten entdecken kann. Insofern bietet dieses Buch nur eine Auswahl, die zugegebenermaßen subjektiv sein muss. Besonderer Wert wird dabei auf Arten gelegt, die sich verhältnismäßig leicht aufspüren und beobachten lassen und die in den allermeisten Fällen auch ohne besondere Hilfsmittel leicht zu bestimmen sind. Außerdem werden vor allem solche Tiere gezeigt, zu denen wir emotionale Beziehungen pflegen oder deren Lebensgeschichten besonders spannend sind. Daher sind Bienen und Wespen, Schmetterlinge und Vögel in einer etwas größeren Artenzahl vertreten. Schließlich soll ein möglichst breites systematisches Spektrum unterschiedlicher Tiergruppen, von Würmern bis zu Säugetieren, die allesamt ihre wichtigen Funktionen im Garten haben, abgebildet sein.

Der Feldsperling (Passer montanus) ist inzwischen eher in Gärten als in der Feldflur zu finden.

Vom Wandel der Tierwelt im Garten

Seit einiger Zeit ist die Tierwelt im Garten wie allgemein in der Natur einer rasanten Veränderung unterworfen. Den Verlust vieler Arten, der in Feld und Flur so dramatisch voranschreitet, erleben wir hier zwar in geringerem Ausmaß, da sich in Gärten vor allem gut anpassungsfähige Arten etabliert haben. Der Klimawandel und die Ausbreitung eingeschleppter Arten ziehen aber oft in überraschend kurzen Zeiträumen ebenso deutlich sichtbare Veränderungen nach sich wie die Tatsache, dass sich einige Tiere Gärten als Ersatz für verloren gegangene Lebensräume suchen.

Die Blauschwarze Holzbiene ist eine der Arten, die offenbar von der zunehmenden Erwärmung profitieren. Noch vor der letzten Jahrtausendwende kam sie fast ausschließlich in wärmebegünstigten Regionen entlang der großen Flusstäler im Süden Deutschlands vor, mittlerweile fliegt sie durch die Gärten aller Bundesländer – zweifellos eine Bereicherung. Das wird vom Buchsbaumzünsler wohl niemand

An der Hauswand lauert die Zebraspringspinne (Salticus scenicus) auf Beute.

behaupten: Er wurde nachweislich mit dem Pflanzenhandel aus Ostasien importiert und hat sich innerhalb von nur einem Jahrzehnt zum deutschland- und europaweiten Gartenalbtraum für Buchsbäume entwickelt. In derselben Zeit hat sich der Asiatische Marienkäfer, einst als natürlicher Schädlingsbekämpfer gegen Blattläuse gefeiert, so stark ausgebreitet, dass er Konkurrenten wie den Zweipunkt-Marienkäfer nahezu völlig ausgeschaltet hat. Während die Blauschwarze Holzbiene sich eigenständig ausgebreitet hat und daher als Arealerweiterer bezeichnet wird, gelten Buchsbaumzünsler und Asiatischer Marienkäfer als klassische Beispiele für unabsichtlich bzw. absichtlich eingeschleppte Arten mit unerwünschten ökologischen oder ökonomischen Effekten, also als invasive Neozoen. Aber auch wenn wir neu angekommenen Arten oft negative Eigenschaften zuschreiben, trifft dies in den meisten Fällen nicht zu: Exoten wie die Südliche Eichenschrecke oder die Nordamerikanische Kiefernwanze sind längst in unsere Gartenfauna integriert, ohne dass dies zu erkennbaren Nachteilen geführt hat.

Viele Vögel und Säugetiere haben innerstädtische Bereiche und damit auch Gärten als zusätzliche oder als Ersatzlebensräume entdeckt. Sie sind hier nun viel häufiger als in ausgeräumten landwirtschaftlichen Flächen. Ein bekanntes Beispiel ist der Feldsperling, der einst in strukturreichen

Landschaften mit vielen Hecken, Gebüschen und Feldrainen häufig war, dort aber durch die weitgehende Vernichtung dieser Strukturen und des damit verbundenen Nahrungsangebotes deutliche Rückgänge erfahren musste. Immer öfter sieht man ihn im Siedlungsbereich, und in manchen Gärten ist er mittlerweile präsenter als der Haussperling. Andererseits werden einige „klassische“ Gartenvögel, wie Haussperling, Hausrotschwanz, Star und Mehlschwalbe, aktuell spürbar seltener und finden sich in einigen Fällen bereits auf der Roten Liste der Brutvögel Deutschlands wieder. Neben dem allgemeinen Rückgang der Insekten als unverzichtbarer Nahrung, insbesondere in der Zeit der Jungenaufzucht, macht ihnen der Verlust an Brutplätzen sehr zu schaffen. Nach Gebäudesanierungen und an Neubauten finden sich kaum noch die benötigten versteckten Winkel und Hohlräume rund ums Haus. Besonders schwer haben es leider auch in Gärten mittlerweile Amphibien und Reptilien. Kröten oder Eidechsen bekommt man kaum noch zu Gesicht. Das liegt nicht nur daran, dass allzu viele Gärten „aufgeräumt“ und damit für sie lebensfeindlich gestaltet sind, sondern vor allem an den Gefahren, die vom Straßenverkehr, streunenden Katzen und Hunden sowie den immer zahlreicheren Füchsen und Waschbären ausgeht.

Igel (Erinaceus europaeus) begeben sich ab der Abenddämmerung auf Nahrungssuche.

Ein Garten für Tiere

Wer Tiere im Garten fördern will, braucht eigentlich nur einem Grundsatz zu folgen: Strukturvielfalt schaffen. Hecken und dichte Gebüsche fördern neben unterschiedlichen Nistkästen an Bäumen und am Haus brütende Vögel. Beerensträucher von Holunder über Pfaffenhütchen bis zu Efeu, aber auch samentragende Stauden wie Nachtkerzen, die nach dem Verblühen nicht abgeschnitten werden, liefern ihnen Nahrung. Hasel, Walnuss und Eichen locken nicht nur das Eichhörnchen herbei. Igel, aber auch Ringelnattern oder Rosenkäfer schätzen Kompost-, Laub- und Steinhaufen zur Überwinterung und Fortpflanzung. Wasser im Garten ist immer eine Attraktion, von der Vogeltränke bis zum Teich. Hier trinken, baden, jagen und entwickeln sich viele unterschiedliche Arten von Libellen bis zu Vögeln. Offene, möglichst sandige Bodenstellen sind jeder Totalversiegelung vorzuziehen, denn Wildbienen und Grabwespen graben hier ihre Gänge hinein und legen Brutzellen an. Wildbienen und Schmetterlinge brauchen ein pollen- und nektarreiches Blütenangebot von Sträuchern, Stauden und Kräutern, möglichst vom zeitigen Frühjahr bis in den Herbst. Sie profitieren davon, wenn auf Pestizide aller Art verzichtet wird. Totholz, stehend oder gestapelt, ist eine wichtige Kinderstube für verschiedene Käfer und Wildbienen, kann aber ebenso wie eine Trockenmauer überlebenswichtiger Unterschlupf für Amphibien und Reptilien sein. Wenn der Rasen nicht zu oft oder nur abschnittsweise gemäht und außerdem nicht gedüngt wird, kann er sich schnell in eine blüten- und insektenreiche Wiese verwandeln. Natürlich kommen viele verschiedene Vögel im Winter sehr gern an Futterstellen, wenn das Nahrungsangebot möglichst unterschiedlichen Bedürfnissen gerecht wird. Ähnliche Beobachtungsfreuden kann im Frühling und Sommer eine Wildbienennisthilfe mit gebündelten Bambusröhren und Holzbohrungen an einer sonnenbeschienenen Hauswand auslösen.

Eichhörnchen (Sciurus vulgaris) jagen sich manchmal in wilder Hatz um Baumstämme herum.

WIRBELLOSE TIERE

Alle mehrzelligen Tiere, die nicht über ein inneres Skelett aus Knochen mit Wirbelsäule und Schädel verfügen, zählen zu den Wirbellosen. Die Körperstabilität sichert ein Außenskelett, das meist aus Chitin und Eiweißen besteht. Die artenreichste Tiergruppe bilden auch im Garten die Insekten, die weltweit zwei Drittel aller Arten stellen. Ihre Entwicklung aus Eiern über Larven und teilweise auch Puppen bedingt komplexe und interessante Lebenszyklen mit vielfältigen ökologischen Anpassungen.

WEINBERGSCHNECKE

Die Schnecke mit dem größten Haus

Helix pomatia
Hausdurchmesser bis 50 mm

Insbesondere in kalkreichen Gegenden ist die Weinbergschnecke in Gärten häufig anzutreffen. Im Mai kann man das Liebesspiel beobachten: Mit Hilfe von Lockstoffen finden zwei Schnecken zueinander. Dann kriechen sie mit den Sohlen aneinander hoch. Oft stimulieren sie sich stundenlang mit Bewegungen, die an Umarmungen und Küsse erinnern können. Aus dem „Pfeilsack" kann ein kalkiger Liebespfeil in den Fuß der Partnerschnecke gerammt werden. Da Weinbergschnecken Zwitter sind, kann jedes Tier ein Samenpaket auf das andere übertragen. Etwa einen Monat nach der Paarung gräbt jede Weinbergschnecke ein Loch, in das sie rund 50 Eier legt. Weinbergschnecken ernähren sich von welken Pflanzenteilen und sind keine Schädlinge im Garten. Bleibt geschnittenes Gras nach dem Rasenmähen liegen, versammeln sich die Schnecken dort zum Festmahl.

AKTIVITÄT: April–Oktober; nachts und bei Regenwetter tagsüber • **LEBENSRÄUME:** Wälder, Böschungen, Parks, Gärten • **KLASSE:** Schnecken *(Gastropoda)* • **ORDNUNG:** Lungenschnecken *(Pulmonata)* • **FAMILIE:** Schnirkelschnecken *(Helicidae)*

Im Winter trifft man beim Umgraben auf Weinbergschneckenhäuser mit festem Kalkdeckel.

Gartentipp

Den Winter verbringen Weinbergschnecken in einer Erdhöhle, das Haus mit einem dicken Kalkdeckel verschlossen. Im Frühling kann man die abgestoßenen Kalkdeckel im Garten finden.

Das „Liebesspiel" zweier Weinbergschnecken kann mehrere Stunden dauern.

GARTENSCHNIRKELSCHNECKE • WEISSMÜNDIGE BÄNDERSCHNECKE

Variationen an Farben und Bändern

Cepaea hortensis
Hausdurchmesser bis 22 mm

Gartentipp
Leere Schneckenhäuser sollte man liegen lassen, denn sie bieten zum Beispiel der Zweifarbigen und der Goldenen Schneckenhaus-Mauerbiene (*Osmia bicolor* und *Osmia aurulenta*) Nistplätze.

Schnirkel- oder Bänderschnecken zeigen eine Variabilität wie nur wenige andere Tierarten: Ihre Gehäuse können gelb, rosa oder bräunlich gefärbt sein. Einige tragen ein dunkles Spiralband, andere drei Bänder, viele auch gar keines. Somit gleicht kaum ein Schneckenhaus dem anderen. In unseren Gärten sind zwei Arten sehr häufig: Bei hellem Mündungsrand handelt es sich meist um die Garten-, bei dunklem Mündungsrand um die Hainschnirkelschnecke oder Schwarzmündige Bänderschnecke *(Cepaea nemoralis)*. Das breite Farbspektrum ist wohl der Singdrossel zuzuschreiben: Sie erbeutet die Schnecken regelmäßig und schlägt die Gehäuse auf Steinen auf – die bevorzugten Plätze sind als „Drosselschmieden" an zahlreichen zerbrochenen Schneckenschalen zu erkennen. Da sie jeweils bestimmte Farbmuster mit ihrem Suchschema bevorzugt, beeinflusst sie die Häufigkeit der verschiedenen Farbformen.

AKTIVITÄT: März–Oktober; nachts und bei Regenwetter tagsüber • **LEBENSRÄUME:** nahezu überall; keine feste Bindung erkennbar • **KLASSE:** Schnecken *(Gastropoda)* • **ORDNUNG:** Lungenschnecken *(Pulmonata)* • **FAMILIE:** Schnirkelschnecken *(Helicidae)*

Eine Gartenschnirkelschnecke in der einfarbig gelben Variante ohne Spiralbänder.

Am schwarzen Mündungsrand ist die Hainschnirkelschnecke zu erkennen.

SPANISCHE WEGSCHNECKE

Schrecken im Gemüsegarten

Arion vulgaris
80 bis 120 mm

Nacktschnecken sind im Garten gefürchtet, im Falle der Spanischen Wegschnecke durchaus zu Recht: Sie vertilgt gnadenlos Gemüse und Zierpflanzen und hat auf ihrem Siegeszug durch Deutschland – um 1970 wurde sie bei uns heimisch – sogar andere Nacktschnecken wie die sehr ähnliche Rote Wegschnecke *(Arion rufus)* verdrängt. Nach milden Wintern und in feuchten Sommern kommt es zu Massenvermehrungen. Die Herkunftsregion der Spanischen Wegschnecke liegt wohl nicht in Spanien, wie ursprünglich vermutet und in ihrem Namen festgehalten, sondern schwer rekonstruierbar irgendwo in Westeuropa. Seit den 1950er Jahren hat sie sich in Europa ausgebreitet. Seither sind nicht wenige Menschen im Garten regelmäßig damit beschäftigt, die Wegschnecken nachts mit der Taschenlampe von ihren Salatpflanzen abzusammeln.

Gartentipp

Ein Gegenspieler der Spanischen Wegschnecke ist der Tigerschnegel *(Limax maximus)*. Er frisst neben abgestorbenen Pflanzen und Pilzen andere Nacktschnecken.

An schwarzen Flecken und Längsstreifen auf ockerfarbenem Grund ist der Tigerschnegel leicht zu erkennen.

Ovaler Mantel ist typisch für Wegschnecken

Farbe variabel, von graubraun über rotbraun bis orange

AKTIVITÄT: März–Dezember; nachts und bei Regenwetter tagsüber • **LEBENSRÄUME:** Gärten und Parks, mittlerweile auch in vielen anderen Lebensräumen • **KLASSE:** Schnecken *(Gastropoda)* • **ORDNUNG:** Lungenschnecken *(Pulmonata)* • **FAMILIE:** Wegschnecken *(Arionidae)*

GEMEINER REGENWURM • TAUWURM

Bewährter Helfer bei der Bodenverbesserung

Lumbricus terrestris
90 bis 300 mm

Bei der Gartenarbeit sind Regenwürmer in der Erde, aber auch unter Totholz und Laub am Boden zu finden. Sie zersetzen Pflanzenmaterial und sind dadurch die wohl wichtigsten Humusbildner im Garten. Außerdem lockern und belüften sie mit ihren bis zu drei Meter tiefen Gängen den Boden. Es gibt mehrere, zum Teil sehr schwer unterscheidbare Arten, von denen der Tauwurm die bekannteste und häufigste ist. Seine Aktivitäten verraten ihn oft, denn er zieht gern altes Falllaub in seine Gänge hinein, das dann auffällig aus dem Boden ragt, und hinterlässt kleine krümelige Kothäufchen an der Oberfläche. Bei der Fortbewegung wirken Ring- und Längsmuskeln sowie die Borsten, die an der Außenseite aller Körpersegmente sitzen, zusammen. Auf Lichtreize und Erschütterungen reagieren Regenwürmer mit Flucht, sie können vor- und rückwärts kriechen.

Gartentipp

Das Clitellum, ein heller Gürtel, spielt bei den zwittrigen Würmern eine wichtige Rolle bei der Paarung und der Produktion von Sekreten, die aushärten und Kokons um die Eier bilden.

AKTIVITÄT: März–Dezember • **LEBENSRÄUME:** Gärten, Parks, Wiesen • **KLASSE:** Gürtelwürmer *(Clitellata)* • **UNTERKLASSE:** Wenigborster *(Oligochaeta)* • **FAMILIE:** Regenwürmer *(Lumbricidae)*

KELLERASSEL

Humusproduzent in finsterer Umgebung

Porcellio scaber
9 bis 18 mm

Gartentipp
Weitere Gartenasseln: Die Mauerassel *(Oniscus asellus)* erscheint flach und glänzend, während Rollasseln der Gattung *Armadillidium* hoch aufgewölbt sind und sich bei Gefahr einrollen.

Unter Totholz oder feuchtem Laub finden sich oft größere Ansammlungen von Kellerasseln – und das ist auch gut so, denn sie fressen abgestorbenes Pflanzenmaterial und tragen damit zur Humusbildung bei. Körnige Oberflächenstrukturen auf dem Außenpanzer verhindern, dass nasse Pflanzenteile an den Asseln festkleben. Als Krebstiere, die sich vor langer Zeit an das Landleben angepasst haben, bevorzugen Asseln feuchte, dunkle Lebensräume, um sich vor Austrocknung zu schützen. Sie atmen noch immer über Kiemen, die mit einem feinen Wasserfilm benetzt sind. Kellerasseln haben aber zusätzlich Tracheenlungen zur Luftatmung entwickelt, die als „weiße Körper" an zwei Beinpaaren des Hinterleibs erkennbar sind. An der Bauchseite befinden sich außerdem die Marsupien. Das sind Bruträume, in denen die Asseln zahlreiche Eier austragen.

Fühlergeißel zweigliedrig (bei ähnlicher Mauerassel dreigliedrig)

Rollasseln laufen bei Dunkelheit oft an Hauswänden hinauf.

AKTIVITÄT: März–November; nachts • **LEBENSRÄUME:** Gärten, Wälder, Gebäude • **KLASSE:** Höhere Krebse *(Malacostraca)* • **ORDNUNG:** Asseln *(Isopoda)* • **FAMILIE:** Kellerasseln *(Porcellionidae)*

Dieses Weibchen hat eine wehrhafte Wespe erbeutet.

GARTENKREUZSPINNE

Mit Radnetz auf Insektenfang

Araneus diadematus
5 bis 17 mm

Männchen, Ansicht von der Unterseite.

Meist spinnt die weibliche Gartenkreuzspinne ihr großes, symmetrisches Radnetz im Schutz der Dunkelheit. Außen liegt ein tragender Rahmen aus stabilen Fäden, der an Zweigen oder Dachvorsprüngen befestigt wird. Von der Nabe in der Mitte verlaufen die Speichen („Radien“) nach außen. Darauf wird eine enge Spirale aus klebrigen Fäden angelegt, in der sich fliegende Insekten hoffnungslos verfangen können. Die Spinne lauert in der Mitte des Netzes oder im nahe gelegenen Schlupfwinkel. Dort spürt sie jede Bewegung im Netz über einen Signalfaden. Blitzschnell eilt sie zur Beute, wickelt sie in Spinnseide ein und lähmt sie mit Giftbissen. Dann löst die Spinne ihre Beute sorgfältig aus dem Netz heraus, transportiert sie zum Zentrum des Netzes und saugt sie aus. Geraten währenddessen weitere Beutetiere ins Netz, werden sie eingesponnen und verbleiben dort zunächst als Vorrat.

Gartentipp

Die zierlichen Männchen sind an dicken Tastern, den Pedipalpen, zu erkennen. Sie nähern sich den Weibchen behutsam und testen deren Paarungsbereitschaft mit Zupfsignalen.

AKTIVITÄT: April–Oktober • **LEBENSRÄUME:** Gärten, Waldränder, Brachflächen • **KLASSE:** Spinnentiere *(Arachnida)* • **ORDNUNG:** Webspinnen *(Araneae)* • **FAMILIE:** Echte Radnetzspinnen *(Araneidae)*

ZEBRASPRINGSPINNE

Mit Teleskopaugen auf der Lauer

Salticus scenicus
5 bis 7 mm

Schwarz-weißes Zebramuster

Originalgröße

An Hauswänden, Mauern und Zaunpfählen zeigt sich die Zebraspringspinne mit ihrer auffälligen schwarz-weißen Querbänderung schon im zeitigen Frühling. Netze benötigt sie zum Beutefang nicht. Das große, mittlere Augenpaar ist nach vorn gerichtet und ermöglicht ein präzises Anvisieren der Beute. Da die Springspinne ihre Netzhäute vor und zurück und sogar seitlich bewegen kann, stellt sie ihre Beute scharf, ohne sich bewegen zu müssen. Mit einem gezielten Sprung stürzt sie sich auf ihr überraschtes Opfer und überwältigt es mit einem Biss. Ein Sicherheitsfaden bewahrt die Spinne beim Sprung vor dem Absturz. Im Mai vollführen die Männchen mit gespreizten Kieferklauen *(Cheliceren)* einen Balztanz vor den Weibchen. In manchen Fällen müssen sie aber zuvor einen Schaukampf gegen Rivalen gewinnen.

Gartentipp

An Gebäuden findet sich häufig noch eine weitere Springspinne ein: Auf Holztüren und Brettern, aber auch an Baumstämmen lebt die braun gemusterte Rindenspringspinne *(Marpissa muscosa)*.

Porträt einer Rindenspringspinne. Charakteristisch ist die breite ockerfarbene Binde unter den Frontalaugen.

AKTIVITÄT: April–Oktober • **LEBENSRÄUME:** Gebäude, Felsen, Zaunpfähle • **KLASSE:** Spinnentiere *(Arachnida)* • **ORDNUNG:** Webspinnen *(Araneae)* • **FAMILIE:** Springspinnen *(Salticidae)*

Der Streckfuß-Weberknecht streckt seine Beine gebündelt zu beiden Seiten ab.

APENNINENKANKER

An Hauswänden allgegenwärtig

Opilio canestrinii
4 bis 8 mm

Weberknechte zählen zwar zu den Spinnentieren, sind aber von den Webspinnen deutlich unterscheidbar: Der Körper der Weberknechte bildet eine kompakte, ovale Einheit, während er bei den Spinnen in Vorder- und Hinterkörper gegliedert ist. Außerdem sind die oft sehr langen, dünnen Beine kennzeichnend. Die meist bräunlich gefärbten Tiere sind am Boden oder auf Baumrinde hervorragend getarnt, ruhen aber auch sehr gern an Hauswänden, wo sie natürlich sofort auffallen. Der Apenninenkanker wird sogar fast nur an Häusern gefunden. Er stammt aus Italien und hat in Mitteleuropa Ende des 20. Jahrhunderts den heimischen *Opilio parietinus* von unseren Wänden verdrängt. Weberknechte verbringen den Tag oft reglos, flach an den Untergrund gedrückt. In der Nacht werden sie aktiv.

Gartentipp

Seit dem Jahr 2002 zeigt sich ein weiterer Zuwanderer immer häufiger an Hauswänden. Der Streckfuß *(Dicranopalpus ramosus)* stammt aus dem westlichen Mittelmeerraum.

AKTIVITÄT: Juni–Dezember (erwachsen) • **LEBENSRÄUME:** Gärten, Parks, Wälder • **KLASSE:** Spinnentiere *(Arachnida)* • **ORDNUNG:** Weberknechte *(Opiliones)* • **FAMILIE:** Schneider *(Phalangeidae)*

Die nachtaktiven Schnurfüßer (Familie Julidae) ernähren sich von abgestorbenen Pflanzenteilen.

GEMEINER STEINLÄUFER

Nächtlicher Jäger mit Giftdrüsen

Lithobius forficatus
20 bis 32 mm

Gartentipp

Hundertfüßer gehören in die Verwandtschaftsgruppe der Tausendfüßer, von denen weitere Vertreter im Garten häufig sind wie die schlanken Schnurfüßer und die flachen Bandfüßer.

Wer beim nächtlichen Gang ins Badezimmer einem Steinläufer begegnet, kann sich schon gehörig erschrecken: Mit seinen 15 Laufbeinpaaren rennt der große nachtaktive Hundertfüßer beeindruckend schnell. Das erste Laufbeinpaar ist allerdings zu mächtigen, dolchartigen Kieferfüßen mit Giftdrüse umgestaltet, womit er seine Beute überwältigt. In Häuser verirrt er sich gelegentlich während seiner nächtlichen Streifzüge. Menschen greift er allerdings nie an, sondern er ergreift die Flucht und sucht nach dem nächsten Unterschlupf, sobald das Licht angeht. In die Hand sollte man ihn trotzdem nicht nehmen, denn zur Verteidigung kann er schmerzhaft beißen. Im Garten findet man ihn sehr häufig unter Steinen oder Totholz. Nach Einbruch der Dunkelheit verlässt er diese Verstecke und läuft dann manchmal auch an Mauern und Hauswänden hinauf.

AKTIVITÄT: im Prinzip ganzjährig; nachts • **LEBENSRÄUME:** Gärten, Wälder, offenes Gelände • **KLASSE:** Hundertfüßer *(Chilopoda)* • **ORDNUNG:** Steinläufer *(Lithobiomorpha)* • **FAMILIE:** Steinläufer *(Lithobiidae)*

GEMEINER OHRWURM

Zangen als Multifunktionswerkzeuge

Forficula auricularia
10 bis 17 mm

Gartentipp
Ohrwurm-Weibchen betreiben Brutpflege, indem sie das Gelege belecken und die Larven füttern. Unter Steinen und Blumentöpfen kann man im Frühjahr solche Ohrwurm-Familien antreffen.

Der Gemeine Ohrwurm versteckt sich tagsüber gern in dunklen Spalten oder unter Brettern und wird erst in der Nacht so richtig aktiv. Die zangenförmigen Körperanhänge sind vielseitig einsetzbar: Mit ihnen können Ohrwürmer sich verteidigen, Beute ergreifen oder ihre unter den Flügeldecken verborgenen Hinterflügel entfalten. Das Männchen setzt seine Zangen sogar ein, um damit bei der Paarung das Weibchen anzuheben. Im Gartenbau gilt der Gemeine Ohrwurm als Nützling, weil er Blattläuse und Spinnmilben verzehrt. Um ihn zu fördern, werden als „Behausungen" traditionell gern umgedrehte Pflanztöpfe, die mit Strohbündeln gefüllt sind, in Obstbäume gehängt. Im Weinanbau macht er sich allerdings bei massenhaftem Auftreten manchmal unbeliebt, weil er auch reife Trauben als Nahrung schätzt.

Originalgröße

Dieses Ohrwurm-Weibchen betreut seinen Nachwuchs.

Zangen (Cerci) beim Männchen stark gebogen und mit zahnartigem Vorsprung an der Basis.

AKTIVITÄT: März–November, vor allem nachts • **LEBENSRÄUME:** Gärten, Wiesen, Wälder • **KLASSE:** Insekten *(Insecta)* • **ORDNUNG:** Ohrwürmer *(Dermaptera)* • **FAMILIE:** Eigentliche Ohrwürmer *(Forficulidae)*

GEMEINE FEUERWANZE

Massenversammlungen in Schwarz-Rot

Pyrrhocoris apterus
9 bis 12 mm

Sie sind erste Frühlingsboten und begleiten uns im Garten durch das gesamte Sommerhalbjahr: Feuerwanzen versammeln sich am Fuße von Bäumen oder Mauern bei Sonnenschein bereits im Februar/März in großer Zahl, um sich gemeinschaftlich aufzuheizen. Ihre kontrastreiche schwarz-rote Färbung ist ein deutliches Warnsignal, dass sie ungenießbar sind. Die Versammlungen dienen zugleich der Partnerfindung. Im gesamten Frühjahr zeigen sich immer wieder Pärchen von Feuerwanzen, die oft stundenlang an den Hinterenden miteinander verbunden sind. Die Eier werden in Bodennähe abgelegt, und im Hochsommer zeigen sich dann die leuchtend hellroten Larven gemeinsam mit erwachsenen Tieren beim Sonnenbad. Wittert in den Massenversammlungen der Feuerwanzen ein Tier Gefahr, sendet es Alarmpheromone aus, und alle laufen hektisch auseinander.

Gemeinschaftliches Sonnenbad in schwarz-roter Warntracht zu Frühlingsbeginn.

AKTIVITÄT: Januar–November • **LEBENSRÄUME:** Gärten, Parks, Brachen, Waldränder • **KLASSE:** Insekten *(Insecta)* • **ORDNUNG:** Schnabelkerfe *(Hemiptera)* • **FAMILIE:** Feuerwanzen *(Pyrrhocoridae)*

Im Sommer sonnen sich diese Feuerwanzenlarven am Stamm einer Linde.

Im Frühjahr paaren sich die Feuerwanzen.

Gartentipp

Feuerwanzen saugen vorwiegend an herabgefallenen Pflanzensamen, und zwar bevorzugt von Linden und Malvengewächsen. Ihren Proteinbedarf stillen sie an toten Insekten oder Regenwürmern.

Originalgröße

Einheitlich blattgrüne Färbung

GRÜNE STINKWANZE

Doppelter Schutz: Tarnung und Wanzenduft

Palomena prasina
11 bis 14 mm

Die charakteristische fünfeckige Körperform der Baumwanzen *(Pentatomidae)* ist bei der sehr häufigen Grünen Stinkwanze gut erkennbar, sofern man sie im grünen Blattwerk von Bäumen oder Büschen überhaupt erst entdeckt hat. Namensgebend ist ihr unangenehmer Geruch, den sie verströmt, wenn sie sich bedroht fühlt: Sie besitzt wie die meisten Wanzen Stinkdrüsen, aus denen sie Abwehrsekrete ausscheidet. Dabei handelt es sich um Kontaktgifte. Sie sind für Menschen nicht gefährlich, aber wenn man eine Wanze einmal in der Hand hatte, bleibt der typische Geruch noch lange erhalten. Außerdem erkennt man Beeren, an denen Wanzen gesaugt haben, an einem bitteren Geschmack. Übrigens passt die Grüne Stinkwanze ihre Tarnfärbung den Jahreszeiten an: Im Herbst verfärbt sie sich bräunlich.

AKTIVITÄT: April–Oktober • **LEBENSRÄUME:** Gärten, Parks, Wälder, Brachen • **KLASSE:** Insekten *(Insecta)* • **ORDNUNG:** Schnabelkerfe *(Hemiptera)* • **FAMILIE:** Baumwanzen *(Pentatomidae)*

Die Graue Gartenwanze (Rhaphigaster nebulosa) ist häufig auf Gehölzen und an Hauswänden zu beobachten.

Gartentipp

Bunte Wanzen-Vielfalt im Garten: Schwarz-rot sind Kohl- und Streifenwanze, pink ist die Beerenwanze, braun die Lederwanze und grau die Graue Gartenwanze.

Die häufige Beerenwanze (Dolycoris baccarum) besticht mit ihrer pinken Farbe.

NORDAMERIKANISCHE KIEFERNWANZE

Auf dem Holzweg importiert

Leptoglossus occidentalis
16 bis 20 mm

Blattförmig verbreiterte Hinterschienen

Mit ihren langen Beinen und ihrer beträchtlichen Größe kann die Nordamerikanische Kiefernwanze etwas bedrohlich wirken. Sie zeigt aber kein Interesse an Menschen, sondern saugt am liebsten an den noch unreifen Samen in Kiefernzapfen. Allerdings sucht sie bei zunehmender Kälte im Herbst nach wärmenden Plätzen. Dann sitzt sie oft an der Hauswand, auf der Fensterbank und dringt durch das geöffnete Fenster auch in Häuser ein. Die Heimat dieser Art liegt in Nordamerika westlich der Rocky Mountains. Von dort breitete sie sich im 20. Jahrhundert über die gesamten USA aus und gelangte anschließend über Holztransporte in die weite Welt. 2004 erfolgten erste Nachweise in Nordrhein-Westfalen; bereits 2006 fühlte sie sich in Berlin heimisch. Mittlerweile ist sie in ganz Europa verbreitet.

Gartentipp

Viele Wanzen leben an, auf oder unter Wasser: Wasserläufer nutzen die Oberflächenspannung aus, während Rückenschwimmer zum Jagen abtauchen.

Der Rückenschwimmer (Notonecta glauca) hängt sich zum Luftholen von unten an die Wasseroberfläche.

AKTIVITÄT: Mai–November • **LEBENSRÄUME:** Gärten, Parks, Nadelwälder • **KLASSE:** Insekten *(Insecta)* • **ORDNUNG:** Schnabelkerfe *(Hemiptera)* • **UNTERORDNUNG:** Wanzen (Heteroptera) • **FAMILIE:** Randwanzen *(Coreidae)*

GRÜNES HEUPFERD

Sommergesang im Vorgarten

Tettigonia viridissima
28 bis 42 mm

Das Grüne Heupferd zählt zu den größten heimischen Insekten. Allein die Legeröhre der Weibchen, mit der es die Eier in den Boden legt, ist rund drei Zentimeter lang. Im Hoch- und Spätsommer reiben die Männchen ihre Vorderflügel aneinander und erzeugen damit einen lauten raschelnden Werbegesang. Er ist bis zu 150 Meter weit zu hören und setzt meist nachmittags ein, wird nach Einbruch der Dunkelheit aber intensiver. Als Singwarten dienen Büsche und Stauden. Hört man den Gesang, kann man den Tönen folgen, um das mächtige Insekt zu entdecken. Dabei braucht man allerdings oft viel Geduld, denn die Tarnung ist aufgrund der blattartigen Gestalt und Färbung meisterhaft. Die Nahrung des Heupferds besteht keineswegs aus Heu, sondern es ist ein Räuber, der vorwiegend andere Insekten wie Fliegen und Raupen erbeutet.

Gut getarnt: Das Weibchen ist an der langen Legeröhre erkennbar.

Gartentipp

Das Grüne Heupferd sorgt mit seinen Lauten für eine sommerliche Atmosphäre im Garten. Es schätzt Strukturreichtum mit hohen Gräsern, Stauden und Büschen.

AKTIVITÄT: Juni–Oktober (erwachsen) • **LEBENSRÄUME:** Gärten, Brachen, Weiden, Weg- und Waldränder • **KLASSE:** Insekten *(Insecta)* • **ORDNUNG:** Heuschrecken *(Orthoptera)* • **FAMILIE:** Singschrecken *(Tettigoniidae)*

SÜDLICHE EICHENSCHRECKE

Mediterraner Hausgast

Meconema meridionale
12 bis 15 mm

Die Südliche Eichenschrecke kommt in kühleren Herbstnächten häufig durch offene Türen und Fenster ins Haus, wo sie Wärme sucht. Ihre Heimat ist der Mittelmeerraum, aus dem sie sich seit 1960 über ganz Deutschland ausgebreitet hat – und das, obwohl sie nicht einmal fliegen kann. Ihre Flügel sind zu kleinen Schuppen reduziert. Allein durch weite Sprünge hat sie es aber nicht geschafft, sondern sie ist nachweislich mit verschiedenen Vehikeln wie Autos und Zügen von Stadt zu Stadt gereist. Daher tauchte sie zunächst vor allem innerstädtisch in Gärten und Parks an weit voneinander entfernten Orten auf, beispielsweise im Ruhrgebiet, in Bremen und Berlin. Mittlerweile zählt sie auch außerhalb der Städte zu unseren häufigsten Heuschrecken. Laute Gesänge hört man von ihr allerdings nicht. Die Männchen trommeln stattdessen mit einem Hinterbein auf Blättern.

Gartentipp
Die Südliche Eichenschrecke lebt auf verschiedenen Bäumen und Büschen und ist dort sehr nützlich. Sie verspeist nämlich Blattläuse und kleine Raupen, sogar von der unbeliebten Kastanien-Miniermotte.

Gelbe Linie und rotbraune Flecken auf dem Rücken. Keine Flügel

Ähnlich, aber mit voll ausgebildeten Flügeln: die Gemeine Eichenschrecke (Meconema thalassinum).

AKTIVITÄT: Juni–Dezember (erwachsen) • **LEBENSRÄUME:** Gärten, Parks, Gebüsche, Waldränder, lichte Wälder • **KLASSE:** Insekten *(Insecta)* • **ORDNUNG:** Heuschrecken *(Orthoptera)* • **FAMILIE:** Eichenschrecken *(Meconematidae)*

BLAUGRÜNE MOSAIKJUNGFER

Jägerin mit komplexer Wahrnehmung

Aeshna cyanea
67 bis 76 mm

Gartentipp
Am Ende ihrer Entwicklung klettern Libellenlarven aus dem Wasser. An den trockenen Larvenhäuten (Exuvien) kann man sogar die Arten bestimmen.

Auch wenn kein Gartenteich in der Nähe ist, in dem ihre Larven heranwachsen können, findet sich die Blaugrüne Mosaikjungfer häufig im Garten ein, denn sie vagabundiert weit umher und wählt Gärten im Spätsommer oft als Jagdreviere aus. Gelegentlich dringt sie durch offene Fenster auch in Häuser ein und löst dort Panikattacken aus. Libellen stellen für Menschen aber keine Bedrohung dar und können nicht stechen. Für andere Insekten stellt sich die Situation anders dar: Mit ihren Komplexaugen, die sich aus bis zu 30.000 Einzelaugen zusammensetzen, nehmen Großlibellen jede Bewegung wahr. Ihre akrobatischen Flugkünste machen sie zu geschickten Räubern. Ähnliches gilt unter Wasser für die Larven: Ihr Unterkiefer ist zu einer Fangmaske umgebildet, die blitzschnell vorschnellen und jede kleinere Beute ergreifen kann.

Exuvie (Larvenhaut) einer Großlibelle am Gartenteich.

FLUGZEIT: Juni–November • **LEBENSRÄUME:** Gewässer, Gärten, Waldränder • **KLASSE:** Insekten *(Insecta)* • **ORDNUNG:** Libellen *(Odonata)* • **FAMILIE:** Edellibellen *(Aeshnidae)*

ROSTROTE MAUERBIENE

Häufige Bewohnerin von Nisthilfen

Osmia bicornis
8 bis 13 mm

Gartentipp
Schon ab März ist die Gehörnte Mauerbiene *(Osmia cornuta)* an Nisthilfen aktiv. Mit ihrer dichten Behaarung – vorn schwarz, hinten leuchtend rotbraun – ist sie sehr auffällig.

Bereits im April legen die Weibchen der Rostroten Mauerbiene ihre Nester in Hohlräumen an. Sie nutzen dafür sehr gern Nisthilfen wie Bambusröhren oder Bohrlöcher in Holzblöcken. Bis zu 20 Nistzellen werden meist linienartig hintereinander angelegt und mit Pollen und Nektar verschiedener Blütenpflanzen bestückt. Die Zwischenwände und die äußere Abschlusswand werden aus Lehm gefertigt, den die Weibchen an feuchten Bodenstellen aufsammeln. In jeder Nistzelle entwickelt sich eine Bienenlarve und verpuppt sich in einem selbst gesponnenen hellbraunen Kokon. Aus der Puppe schlüpft noch vor dem Winter die erwachsene Biene, verlässt das Nest aber erst im folgenden Frühling. Nistplätze findet sie durchs offene Fenster gelegentlich auch in Wohnräumen, etwa in Regallöchern oder Musikinstrumenten. Mauerbienen sind im Frühjahr wichtige Bestäuber von Obstbäumen.

Originalgröße

Die Rostrote Mauerbiene sammelt den Pollen verschiedener Pflanzen, hier Löwenzahn.

Männchen kleiner, mit heller Gesichtsbehaarung

Zwei kurze, nach vorn gerichtete „Hörner“ im Gesicht

Weibchen mit rötlicher Bauchbürste

FLUGZEIT: April–Juni • **LEBENSRÄUME:** Gärten, Parks, Hecken, Waldränder, Streuobstwiesen • **KLASSE:** Insekten *(Insecta)* • **ORDNUNG:** Hautflügler *(Hymenoptera)* • **FAMILIE:** Bauchsammlerbienen *(Megachilidae)*

Dieses Weibchen sammelt Apfelblüten-Pollen in der schwarzen Beinbürste.

FUCHSROTE SANDBIENE

Die hübscheste Sandbiene im Garten

Andrena fulva
9 bis 14 mm

Mit Frühlingsbeginn erscheint die Fuchsrote Sandbiene, mit ihrer dichten rostroten Behaarung zumindest im frisch geschlüpften Zustand unübersehbar und unverwechselbar, an den Blüten von Frühblühern im Garten. Bis in den Mai hinein bestäubt sie Obstbäume und Beerensträucher – eine auffällige Vorliebe zeigt sie für Blüten von Johannisbeeren, aber auch an Apfel- und Pflaumenbäumen ist sie regelmäßig zu beobachten. Wie die meisten Wildbienen nistet diese Art im Boden: Die Weibchen graben Gänge in die Tiefe, an deren Ende sie Nistzellen anlegen, die mit Pollen und Nektar bestückt werden. Der Pollen wird in der schwarzen Sammelbürste der Hinterbeine transportiert, der Nektar im Kropf. Die zierlicheren Männchen sind kurzlebig und wie bei den meisten Sandbienen schwer bestimmbar.

Gartentipp

Vegetationsfreie, sandige Flächen im Garten locken unterschiedliche Wildbienen an, die hier in größeren Kolonien nisten können, neben Sandbienen etwa auch Pelz- und Schmalbienen.

Originalgröße

FLUGZEIT: März–Mai • **LEBENSRÄUME:** Gärten, Parks, Hecken, Waldränder, Streuobstwiesen • **KLASSE:** Insekten *(Insecta)* • **ORDNUNG:** Hautflügler *(Hymenoptera)* • **FAMILIE:** Sandbienen *(Andrenidae)*

GARTEN-WOLLBIENE

Territoriale Kämpfer

Anthidium manicatum
10 bis 18 mm

Wenn Garten-Wollbienen blühenden Lavendel oder Salbei im Garten für sich entdeckt haben, kann man im Hochsommer oft wochenlang ein besonderes Spektakel erleben. Die großen, kräftigen Männchen verteidigen „ihre“ Pflanzen energisch als Reviere, und zwar nicht nur gegen andere Männchen, sondern auch gegen Insekten aller Art: Honigbienen, Hummeln und sogar Schmetterlinge werden attackiert und regelrecht von den Blüten gerammt. Dazu nutzen die Wollbienenmännchen fünf schwarze Dornen am Hinterleibsende, die sie als Waffen einsetzen. Nur die Weibchen der eigenen Art werden als Blütenbesucher geduldet. Sie sammeln den Pollen in einer Bauchbürste. Entdeckt ein Männchen ein Weibchen an den Blüten, stürzt es sich aus dem Schwirrflug auf die Auserwählte. Eine Paarung dauert etwa 10 Sekunden lang.

Originalgröße

FLUGZEIT: Mai–September • **LEBENSRÄUME:** Gärten, Waldränder, Brachen, Trockenhänge • **KLASSE:** Insekten *(Insecta)* • **ORDNUNG:** Hautflügler *(Hymenoptera)* • **FAMILIE:** Bauchsammlerbienen *(Megachilidae)*

Die großen Männchen tragen fünf schwarze Dornen am Hinterende.

Gartentipp

Wollbienen formen ihr Nest in Hohlräumen, etwa Mauerspalten, aus Pflanzenhaaren. Gern nagen sie die silbrigen Wollziest-Haare ab und tragen sie als flauschige Kugeln zum Nest.

Paarung auf Lavendelblüten.

BLAUSCHWARZE HOLZBIENE

Die Riesin unter den Bienen

Xylocopa violacea
20 bis 28 mm

Gartentipp

Lässt man den Stamm eines abgestorbenen Obstbaums im Garten stehen, bietet dies der Art einen guten Nistplatz. Ideal ist noch hartes Totholz an einem sonnigen Platz.

Immer häufiger wird die Blauschwarze Holzbiene in Gärten beobachtet: Von den wärmebegünstigten Flusstälern im Südwesten Deutschlands hat sie sich innerhalb weniger Jahre bis an die Küsten von Nord- und Ostsee ausgebreitet. Großblütige Pflanzen wie Wicken, Blauregen oder Muskatellersalbei locken unsere größte heimische Wildbiene an. In hartes Totholz nagt sie im Mai mit ihren kräftigen Kiefern fingerdicke Gänge und legt darin Brutzellen an, die sie jeweils mit einer Masse aus Pollen und Nektar als Futtervorrat für ihre Larven bestückt. Im Juli schlüpfen die Holzbienen der neuen Generation und begegnen dann manchmal sogar noch ihren Müttern. Männchen und Weibchen überwintern in Verstecken und paaren sich erst im folgenden Frühjahr. An milden, sonnigen Tagen fliegen sie manchmal sogar im Winter ums Haus.

Dieses Weibchen sticht von außen in die Blütenröhre des Gartengeißblatts und „raubt“ den Nektar.

FLUGZEIT: März–November • **LEBENSRÄUME:** Gärten, Parks, Streuobstwiesen, Waldränder • **KLASSE:** Insekten *(Insecta)* • **ORDNUNG:** Hautflügler *(Hymenoptera)* • **FAMILIE:** Echte Bienen *(Apidae)*

Dieses Weibchen nagt einen Nistgang ins Totholz.

Originalgröße

Fühlerspitzen des Männchens s-förmig gebogen und orange geringelt.

Graue Thoraxbehaarung beim Männchen

Mehrere paarungswillige Männchen stürzen sich auf ein frisch geschlüpftes Weibchen.

Weibchen mit breiten gelbbraunen Hinterleibsbinden

EFEU-SEIDENBIENE

Die letzte Biene des Jahres

Colletes hederae
9 bis 14 mm

Originalgröße

Wo sich Efeu an alten Bäumen, Mauern oder Hauswänden emporrankt, stellt sich zur Blütezeit im September und Oktober ein reiches Summen und Brummen ein, denn die überaus nektarreichen Blüten bieten vielen Insekten das letzte üppige Mahl des Jahres. Die Efeu-Seidenbiene hat sich sogar auf diese Nahrungsquelle spezialisiert. Damit erscheint sie als letzte Wildbiene im Jahreslauf, an geeigneten Plätzen allerdings in großer Zahl. Hunderte, sogar Tausende von Weibchen können auf Rasenflächen oder an Wegrändern im Boden nisten. Wenn die Weibchen schlüpfen, stürzen sich meist schon etliche Männchen auf sie und bilden große Knäuel. Nach der Paarung tragen die Weibchen den Efeupollen in ihre Nester, deren Zellen und Gänge sie mit einem seidigen Sekret ausgekleidet haben.

Gartentipp

Die Efeu-Seidenbiene wurde erst 1993 als Art erkannt und beschrieben. Seit 2003 breitet sie sich in Deutschland von Südwesten her aus; 2019 hatte sie bereits Berlin erreicht.

FLUGZEIT: Ende August–Anfang November • **LEBENSRÄUME:** Gärten, Parks, lichte Wälder • **KLASSE:** Insekten *(Insecta)* • **ORDNUNG:** Hautflügler *(Hymenoptera)* • **FAMILIE:** „Urbienen" *(Colletidae)*

DUNKLE ERDHUMMEL

Pelzige Sympathieträgerin

Bombus terrestris
9 bis 23 mm

Gartentipp
Blühender Lavendel ist mit seinem reichen Nektarangebot im Hochsommer ein wahrer Hummelmagnet, der auch die Erdhummelmännchen anlockt. Sie besitzen längere, gebogene Fühler.

An sonnigen Tagen brummen Erdhummeln schon im März durch den Garten. Die Königinnen sind aus der Winterstarre erwacht und stärken sich zunächst am Nektar von Frühblühern wie Krokussen. Anschließend suchen sie geeignete Nistplätze. Hat eine Königin ein verlassenes Mausenest im Boden gefunden, das ihr zusagt, formt sie die erste Brutzelle aus Wachs. Die ersten Larven versorgt sie nicht nur fortwährend mit Pollen und Nektar, sondern wärmt sie auch mit ihrem Körper. Wenn die ersten Arbeiterinnen geschlüpft sind, übernehmen sie die Aufgaben des Nestbaus und der Versorgung der Larven. Im Sommer kann das Volk bis zu 600 Individuen umfassen. Meist im Juli schlüpfen Jungköniginnen und Männchen. Nur die begatteten Jungköniginnen überwintern an gut geschützten Orten – und der Kreislauf beginnt von Neuem.

Originalgröße

Männchen der nah verwandten Hellen Erdhummel (Bombus lucorum) an Lavendelblüten.

Königin mit dunkelgelbem Kragen

Gelbe Querbinde auf dem Hinterleib, Hinterende weiß behaart.

FLUGZEIT: Ende Februar–Anfang November • **LEBENSRÄUME:** Gärten, Parks, Waldränder, Wiesen, Brachen • **KLASSE:** Insekten *(Insecta)* • **ORDNUNG:** Hautflügler *(Hymenoptera)* • **FAMILIE:** Echte Bienen *(Apidae)*

BAUMHUMMEL

Energische Wächterinnen am Nest

Bombus hypnorum
8 bis 20 mm

Gartentipp
Von ähnlicher Größe wie die Baumhummel ist die sehr häufige Ackerhummel. Ihre Färbung ist variabel, aber stets hell orangebraun auf der Brust und am Körperende.

Während die meisten Hummelarten bevorzugt am oder im Boden nisten, zieht es Baumhummeln hoch hinaus: Neben Baumhöhlen und Eichhörnchennestern besiedeln sie Vogelnistkästen, Rollladenkästen oder Dachböden. Hummeln sind in der Regel sehr friedlich und stechen nur, wenn man sie in die Hand nimmt. Baumhummeln bilden allerdings eine Ausnahme: Die Arbeiterinnen verteidigen ihr Nest mit großem Einsatz und setzen vermeintlichen Angreifern mit Stichen zu. Man sollte das Treiben am Nest also lieber aus sicherer Entfernung beobachten. Dafür bestäuben die Hummeln Obstbäume und Beerensträucher im Garten eifrig; beispielsweise sind Himbeerblüten eine beliebte Nahrungsquelle, an der sie Pollen und Nektar sammeln. Im Juni/Juli schwärmen Männchen in Erwartung der Jungköniginnen um den Nesteingang.

Originalgröße

Ein Männchen der Ackerhummel, bei der Orangetöne dominieren.

Thorax meist braun, manchmal auch schwarz behaart.

Hinterleib schwarz, Ende weiß behaart

FLUGZEIT: März–August • **LEBENSRÄUME:** Gärten, Parks, Waldränder, Wälder • **KLASSE:** Insekten *(Insecta)* • **ORDNUNG:** Hautflügler *(Hymenoptera)* • **FAMILIE:** Echte Bienen *(Apidae)*

Blühende Weiden liefern oft den ersten Pollen des Jahres.

Haare bilden ein Körbchen (Corbicula) zum Pollensammeln an der Außenseite der Hinterschienen

WESTLICHE HONIGBIENE

Nutztier mit Hang zum Schwärmen

Apis mellifera
11 bis 18 mm

Verborgen im Bienenstock legt die Königin bis zu 2.000 Eier täglich in die sechseckigen Brutzellen aus Wachs. Bis zu 50.000 Arbeiterinnen kümmern sich im Laufe ihrer verschiedenen Lebensphasen als Putzbienen, Ammenbienen, Wächterinnen und Sammelbienen um alle anderen Dinge, die im Stock erledigt werden müssen. Solange Blüten ergiebig Pollen und Nektar liefern, werden sie von den Honigbienen immer wieder angeflogen. Den „Kolleginnen" im Stock wird die Lage der Nahrungsquelle durch den berühmten Schwänzeltanz vermittelt. Aus dem Nektar und auch aus dem Honigtau von baumbewohnenden Blattläusen produzieren die Bienen mit Hilfe bestimmter Enzyme und weiterer Stoffe Honig. Er dient als Vorrat für den Winter, den bis zu 20.000 Arbeiterinnen mit der Königin überdauern.

Gartentipp

Bevor eine neue Königin schlüpft, schwärmt die alte Königin mit einem Teil des Volkes aus. Als Schwarmtraube sammeln sich die Bienen, bevor sie eine neue Höhle auskundschaften.

Originalgröße

FLUGZEIT: März–Oktober • **LEBENSRÄUME:** als Nutztier nahezu überall • **KLASSE:** Insekten *(Insecta)* • **ORDNUNG:** Hautflügler *(Hymenoptera)* • **FAMILIE:** Echte Bienen *(Apidae)*

HORNISSE

Nützliche Jägerin

Vespa crabro
18 bis 35 mm

Originalgröße

Hornissen bauen ihre Nester in Hohlräumen wie Baumhöhlen und Vogelnistkästen oder auch auf Dachböden. Als Nistmaterial dient morsches Holz, das mit Speichel versetzt zu einer bräunlichen Papiermasse wird. Daraus formen die Hornissen Waben und umgebende Hüllen, die mit Luftpolstertaschen versehen werden. Während die Königin im Mai noch ganz allein den Nachwuchs versorgen muss, wächst das Volk bis Ende September auf rund 800 bis 1.000 Arbeiterinnen an. Unermüdlich jagen sie Insekten – gern auch andere Wespen – und verfüttern vor allem deren proteinreiche Brustmuskulatur an ihre Larven. Im Herbst schlüpfen Männchen und Jungköniginnen. Mit den ersten Frösten geht das Volk zugrunde.

Rötliche Farbe an Thorax und Kopf ist charakteristisch

Männchen mit stark gebogenen Fühlern

FLUGZEIT: April–Oktober • **LEBENSRÄUME:** Gärten, Parks, Waldränder, Streuobstwiesen • **KLASSE:** Insekten *(Insecta)* • **ORDNUNG:** Hautflügler *(Hymenoptera)* • **FAMILIE:** Faltenwespen *(Vespidae)*

Eine Hornisse zerlegt eine erbeutete Deutsche Wespe. Die Brustmuskulatur dient als Larvennahrung.

Gartentipp

Ein Hornissennest im Garten ist kein Grund zur Panik: Wenn man das Nest nicht erschüttert und die Einflugschneise nicht versperrt, verhalten sich Hornissen friedlich.

Dieses Hornissennest ist bereits über den Vogelnistkasten hinausgewachsen.

GEMEINE WESPE

Lästiger Nützling

Vespula vulgaris
11 bis 20 mm

Gartentipp
Das schwarz-gelbe Farbmuster der Wespen soll Fressfeinde auf ihre Wehrhaftigkeit hinweisen. Viele verschiedene staatenbildende und solitäre Arten zeigen diese „Warntracht".

Süße Speisen und Getränke, aber auch Grillfleisch locken zwei Wespenarten magisch an: Die Gemeine Wespe und die Deutsche Wespe *(Vespula germanica)*. Damit haben sie – zu Unrecht – die ganze Insektengruppe in Verruf gebracht, denn alle anderen Wespenarten bleiben dem Menschen fern. Und auch die beiden „lästigen" Vertreter jagen normalerweise Insekten, zum Beispiel Fliegen, um ihre Larven in den Waben der papierartigen Nester zu versorgen. Ihren eigenen Zuckerbedarf decken sie in der Natur meist mit Blütennektar oder an überreifen Früchten. Die Nester werden an dunklen, versteckten Orten in Hohlräumen in Gebäuden oder im Boden angelegt und erreichen im Spätsommer mit 7.000 bis 10.000 Arbeiterinnen eine beachtliche Größe. Die Nesthüllen sind bei der Gemeinen Wespe bräunlich, bei der Deutschen Wespe grau gefärbt.

Originalgröße

Eine Deutsche Wespe (drei schwarze Punkte im Gesicht) an Erdbeermarmelade.

Schwarze Ankerzeichnung im Gesicht

FLUGZEIT: April–November • **LEBENSRÄUME:** nahezu überall • **KLASSE:** Insekten *(Insecta)* • **ORDNUNG:** Hautflügler *(Hymenoptera)* • **FAMILIE:** Faltenwespen *(Vespidae)*

Mehrere große Jungköniginnen sitzen außen auf dem Nest.

Langes Gesicht durch Wange unter dem Auge (Langkopfwespen)

SÄCHSISCHE WESPE

Friedliche Mitbewohnerin

Dolichovespula saxonica
11 bis 18 mm

Gartentipp
Eine verwandte Art errichtet ihre kugeligen Papiernester vorwiegend im Gebüsch: die Mittlere Wespe *(Dolichovespula media)*. Man sollte auf sie beim Heckeschneiden achtgeben.

Etwa handballgroß sind die grauen Papiernester der Sächsischen Wespe, die man im Frühsommer oft in Gartenschuppen oder auf Dachböden findet. Um die Zahl lästiger Wespen am Kaffeetisch zu reduzieren, werden die Nester leider oft vernichtet. Diese Art zeigt aber an menschlichen Speisen kein Interesse und ist überdies sehr friedlich, sofern man das Nest nicht berührt, anpustet oder erschüttert. Daher sollte man sich lieber an der spannenden Entwicklung der kleinen Völker, die nur maximal 300 Individuen umfassen, erfreuen: Bereits im Juli erscheinen Jungköniginnen und Männchen auf der Außenhülle. Während die Königinnen deutlich größer als die Arbeiterinnen sind, erkennt man die Männchen vor allem an ihren gebogenen Fühlern. Im Spätsommer sind die Nester bereits verlassen – viel früher also als bei Hornisse, Deutscher und Gemeiner Wespe.

Originalgröße

FLUGZEIT: April–September • **LEBENSRÄUME:** Gärten, Offenlandschaften • **KLASSE:** Insekten *(Insecta)* • **ORDNUNG:** Hautflügler *(Hymenoptera)* • **FAMILIE:** Faltenwespen *(Vespidae)*

Gartentipp

Auch Feldwespen jagen Insekten zur Versorgung ihrer Larven. Man kann sie im Sommer oft dabei beobachten, wie sie die Vegetation nach Raupen oder Fliegen absuchen.

Arbeiterinnen auf der offenen Nestwabe.

HAUS-FELDWESPE

Hüllenlos

Polistes dominula
12 bis 18 mm

Originalgröße

Die Haus-Feldwespe ist heute überall häufig und aus kaum einem Garten wegzudenken. Im Zuge der zunehmenden Erwärmung hat sie innerhalb weniger Jahre von Süden her den Norden Deutschlands erobert. Ihre Völker bleiben sehr klein und umfassen im Sommer selten mehr als 20 Arbeiterinnen. Die Papiernester bestehen stets aus einer maximal handtellergroßen Wabe, die mit einem Stil beispielsweise an der Unterseite eines Dachziegels oder der Innenseite eines Metallrohrs befestigt ist. Haus-Feldwespen bauen ihre Nester nämlich stets in geschützten Hohlräumen. Im Flug lassen Feldwespen ihre Beine charakteristisch lang hinabhängen. Im August/ September schlüpfen die Männchen, deren Augen auffallend grün schimmern. Auch Feldwespen meiden den Kaffeetisch und werden daher nicht als lästig empfunden.

Einheitlich gelbes Gesicht und rötliche Fühler

FLUGZEIT: April–Oktober • **LEBENSRÄUME:** Gärten, trockenwarme Lebensräume • **KLASSE:** Insekten *(Insecta)* • **ORDNUNG:** Hautflügler *(Hymenoptera)* • **FAMILIE:** Faltenwespen *(Vespidae)*

GEMEINE SANDWESPE

Auf der Jagd nach Raupen

Ammophila sabulosa
14 bis 24 mm

Gartentipp
Wie alle anderen Wespen und Bienen benötigt die Gemeine Sandwespe Blütennektar zur eigenen Energieversorgung. Sehr gern besucht sie blühende Kräuter wie Oregano oder Thymian.

Viel seltener als die sozialen Wespen wird die Heerschar solitärer Wespen im Garten wahrgenommen, die leider oft schwer bestimmbar sind. Die Gemeine Sandwespe zählt zu den größten und auffälligsten Arten unter den Grabwespen. Sie ist auf recht große Raupen von Eulenfaltern spezialisiert, die sie mit Stichen lähmt und dann oft über weite Strecken unter ihrem Bauch mit dem Kopf voran zu ihrem Nest trägt. An einer vegetationsfreien, meist sandigen Stelle hat sie zuvor einen Gang in den Boden gegraben und an dessen Ende eine Nistzelle angelegt. Wenn sie mit der Raupe am Nest ankommt, legt sie diese zunächst ab, öffnet den Eingang und prüft das Nestinnere. Dann zieht sie die Raupe hinab, legt ein Ei dazu und verschließt den Eingang sorgfältig mit Steinen und Erde, die sie mit dem Kopf festdrückt. Im Innern wächst in der Folge ihre Larve bestens mit Nahrung versorgt heran.

Originalgröße

Lang gestielter, schwarzroter Hinterleib.

Weibchen mit gelähmter Raupe am Nesteingang.

FLUGZEIT: Mai–September • **LEBENSRÄUME:** Gärten, Sandwege, Dünen und andere Sandbiotope • **KLASSE:** Insekten *(Insecta)* • **ORDNUNG:** Hautflügler *(Hymenoptera)* • **FAMILIE:** Grabwespen *(Sphecidae)*

Unverwechselbar durch große Augenflecken auf weinroten Flügeln

TAGPFAUENAUGE

Prächtiger Gast am Sommerflieder

Aglais io
Flügelspannweite 55 bis 75 mm

Es gibt wohl keinen bekannteren Schmetterling als das Tagpfauenauge. Vier große, farbenprächtige Augenflecken auf den Flügeln sollen Fressfeinde abschrecken. Im Garten sieht man Tagpfauenaugen vor allem im Hochsommer, wenn sie an den Blüten von Sommerflieder *(Buddleja davidii)* Nektar trinken. Manchmal versammeln sie sich hier in großer Zahl. Im Herbst suchen die hübschen Schmetterlinge oft Gartenschuppen, Dachböden oder unbeheizte Kellerräume auf, um hier zu überwintern. Ihre Raupen entwickeln sich allerdings eher außerhalb von Gärten, und zwar auf Brennnesseln an Weg- und Waldrändern. Sie leben gesellig, wirken stachelig behaart und sind mit ihren weißen Flecken auf den schwarzen Körpern recht gut zu erkennen. Sie verpuppen sich kopfüber hängend als sogenannte Stürzpuppen, aus denen nach knapp zwei Wochen die Falter schlüpfen.

FLUGZEIT: März–Oktober • **LEBENSRÄUME:** Gärten, Wegränder, Waldränder • **KLASSE:** Insekten *(Insecta)* • **ORDNUNG:** Schmetterlinge *(Lepidoptera)* • **FAMILIE:** Edelfalter *(Nymphalidae)*

Zwei Tagpfauenaugen am Sommerflieder.

Gartentipp

Findet man überwinternde Schmetterlinge auf dem Dachboden, sollte man sie keinesfalls in warme Räume bringen. Hier werden sie nämlich aktiv, verbrauchen ihre Energie und sterben schnell.

Tagpfauenaugen-Raupen an einer Brennnessel.

KLEINER FUCHS

Rätselhafter Rückgang

Aglais urticae
Flügelspannweite 40 bis 50 mm

Gartentipp
Die oft propagierten „unordentlichen Ecken" mit Brennnesseln werden von Tagfaltern kaum zur Eiablage genutzt. Besser sind Brennnesseln als Saumstruktur an Hecken oder Zäunen.

Der Kleine Fuchs zählte einst zu den häufigsten Gartengästen überhaupt und bevölkerte gemeinsam mit dem Tagpfauenauge zahlreich die Blüten des Sommerflieders. Diese Zeiten scheinen vorüber, auch wenn er in einigen Regionen noch regelmäßig zu beobachten ist. Seine Raupen leben ähnlich wie die des Tagpfauenauges gesellig an Brennnesseln, die sie mit Gespinsten überziehen, unterscheiden sich aber durch die gelben Seitenstreifen. Ob der Rückgang des Kleines Fuchses mit natürlichen Bestandsschwankungen, höheren Stickstoffgehalten in den Brennnesseln, der vielfachen Beseitigung von Randstreifen in der Feldflur, dem Einsatz von Insektiziden in der Landwirtschaft oder dem Klimawandel zusammenhängt, ist nicht eindeutig geklärt. Möglicherweise wirken all diese Faktoren zusammen – wie bei vielen anderen Insekten auch.

Ein Raupennest auf Brennnesseln.

Flügel orange, mit schwarzen und gelben Flecken sowie einer blauen Punktreihe am Rand

FLUGZEIT: März–Oktober • **LEBENSRÄUME:** nahezu überall • **KLASSE:** Insekten *(Insecta)* • **ORDNUNG:** Schmetterlinge *(Lepidoptera)* • **FAMILIE:** Edelfalter *(Nymphalidae)*

Eine stachelige Admiralsraupe auf Brennnessel.

Dunkle Flügeloberseite mit hellroten Binden

ADMIRAL

Wanderfalter mit Tendenz zum Bleiben

Vanessa atalanta
Spannweite 50 bis 60 mm

Der Admiral erreicht unsere Gärten traditionell ab Mai, wenn er aus dem Mittelmeerraum über die Alpen in Mitteleuropa einfliegt. Seine Raupen entwickeln sich an Brennnesseln, oft auch an Exemplaren in „ungepflegten“ Gartenecken. Man erkennt ihre Anwesenheit an charakteristisch zusammengesponnenen, leicht herabhängenden „Blatttüten“, in denen sie sich aufhalten. Die Falter, die im Sommer schlüpfen, stärken sich zunächst an Blüten und im Herbst mit Vorliebe an gärendem Fallobst. Unter Apfel-, Birn- und Pflaumenbäumen herrscht dann stets ein reiches Schmetterlingstreiben. Normalerweise fliegen sie anschließend wieder nach Süden. Seit die Winter bei uns immer milder werden, bleibt ein Teil der Falter zur Überwinterung in Deutschland. Auch als Raupe oder Puppe kann der Admiral mittlerweile bei uns überwintern.

Gartentipp

Der nah verwandte Distelfalter *(Vanessa cardui)* fliegt jährlich in wechselnder Zahl aus Afrika ein; in Europa kann er nicht überwintern. 2009 und 2019 erfolgten Masseneinwanderungen.

FLUGZEIT: Mai–Oktober • **LEBENSRÄUME:** nahezu überall • **KLASSE:** Insekten *(Insecta)* • **ORDNUNG:** Schmetterlinge *(Lepidoptera)* • **FAMILIE:** Edelfalter *(Nymphalidae)*

Die gut getarnte Raupe hebt den Vorderkörper vom Faulbaumblatt ab.

Gelbe Flügel der Männchen sind blattförmig geschwungen

ZITRONENFALTER

Der erste Frühlingsbote

Gonepteryx rhamni
Flügelspannweite 50 bis 55 mm

Gartentipp
Während die überwinterten Falter bis in den Juni fliegen können, schlüpft die neue Generation ab Ende Juni. Zitronenfalter werden also fast ein Jahr alt – ein geradezu biblisches Alter.

Die ersten sonnigen Vorfrühlingstage im Februar oder März lassen stets die ersten Zitronenfalter aus ihrer Winterstarre erwachen. Diese haben sie mit Hilfe des körpereigenen Frostschutzmittels Glycerin unbeschadet an Zweigen sitzend verbringen können. Sie beginnen sofort, auf der Suche nach nektarhaltigen Blüten weit umher zu vagabundieren. So fliegen sie auch durch Gärten und sind hier äußerst beliebte Frühlingsboten. Nach der Paarung legen die grünlich weiß gefärbten Weibchen die Eier meist an Waldrändern an die sich gerade entfaltenden Blätter von Faulbaum oder Kreuzdorn ab. Hier entwickeln sich die grünen Raupen gut getarnt. Im Sommer kommen frisch geschlüpfte Zitronenfalter erneut in Gärten und trinken an Sommerflieder und Lavendel Nektar. Sehr heiße Phasen überdauern sie in einer Sommerruhe weitgehend inaktiv.

FLUGZEIT: März–Oktober • **LEBENSRÄUME:** Gärten, Böschungen, Wälder • **KLASSE:** Insekten *(Insecta)* • **ORDNUNG:** Schmetterlinge *(Lepidoptera)* • **FAMILIE:** Weißlinge *(Pieridae)*

GROSSER KOHLWEISSLING

Vom Schädling zur Attraktion

Pieris brassicae
Flügelspannweite 50 bis 65 mm

Gartentipp
Erscheinen neben einer Raupe plötzlich viele ovale gelbliche Kokons, ist sie von der Kohlweißlings-Brackwespe *(Cotesia glomerata)* befallen worden. Die Raupe geht daran zugrunde.

Der Große Kohlweißling gilt traditionell als gefürchteter Schädling im Kohlanbau, denn seine gelb-schwarz-grau gemusterten Raupen leben gesellig an den Blättern und können Kahlfraß verursachen. Seit jedoch immer weniger Kohl in Hausgärten angebaut wird, kommt es viel seltener zu Massenvermehrungen. Mancherorts bekommt man den großen weißen Falter nur noch selten zu Gesicht. Die Weibchen legen leuchtend gelbe, spindelförmige Eier in großer Zahl dicht nebeneinander auf der Blattunterseite ab, nicht nur an Kohl, sondern auch an Raps und an Kapuzinerkresse. Somit kann man die Entwicklung der Raupen manchmal sogar im Balkonkasten verfolgen. Die Verpuppung erfolgt mit Hilfe eines Gürtelfadens meist an senkrechten Strukturen, auch an Hauswänden.

Typischer „Eispiegel“ des Großen Kohlweißlings, hier an Raps.

Weibchen mit kräftigen schwarzen Flecken auf den Flügeln.

FLUGZEIT: März–Oktober • **LEBENSRÄUME:** Gärten, Nutzflächen mit Kohlanbau, Brachen, Meeresküsten • **KLASSE:** Insekten *(Insecta)* • **ORDNUNG:** Schmetterlinge *(Lepidoptera)* • **FAMILIE:** Weißlinge *(Pieridae)*

Zum Vergleich zwei Kleine Kohlweißlinge (Pieris rapae) bei der Paarung.

Weibchen mit vierkantigem Fleck auf dem Vorderflügel

KARSTWEISSLING

Aus dem Süden zugewandert

Pieris mannii
Flügelspannweite 40 bis 46 mm

Seit dem Jahr 2008 konnte man in Deutschland verfolgen, wie der Karstweißling, der in diesem Jahr erstmals nördlich der Alpen auftrat, ganz Deutschland Zug um Zug von Südwesten her eroberte. Die bevorzugte Nahrungspflanze seiner Raupen ist die häufig in Gärten angepflanzte Immergrüne Schleifenblume *(Iberis sempervirens)*. So erfolgte sein Vormarsch also auf dem Flug von Garten zu Garten. Man muss allerdings genau hinschauen, um ihn vom in Gärten ebenfalls häufigen Kleinen Kohlweißling *(Pieris rapae)* zu unterscheiden. Die grünen Raupen tragen in den beiden jüngsten Stadien einen schwarzen Kopf (beim Kleinen Kohlweißling ist er immer grün), und der schwarze Fleck in der Vorderflügelmitte ist bei den Weibchen vierkantig ausgeprägt (nicht oval abgerundet), bei den Männchen hingegen sichelförmig.

Gartentipp

Wer den Karstweißling anlocken will, kann eine Schleifenblume auch in einen Gartentopf pflanzen und auf die Terrasse stellen. Die spindelförmigen Eier werden einzeln abgelegt.

FLUGZEIT: März–Oktober • **LEBENSRÄUME:** Gärten, Karstflächen, felsige Weiden • **KLASSE:** Insekten *(Insecta)* • **ORDNUNG:** Schmetterlinge *(Lepidoptera)* • **FAMILIE:** Weißlinge *(Pieridae)*

SCHWALBENSCHWANZ

Gast im Kräuterbeet

Papilio machaon
Flügelspannweite 50 bis 75 mm

Der große gelb-schwarze Schwalbenschwanz ist der wohl auffälligste Schmetterling, der in Gärten heimisch ist. Die Partner finden allerdings meist andernorts zueinander, und zwar auf den Gipfeln von „Bergen“ aller Art – das können auch Binnendünen sein. Hier versammeln sie sich und jagen einander in rasanten Flugmanövern nach. Dieses Balzverhalten wird als Hilltopping bezeichnet. Im Garten legen die Weibchen ihre kugelrunden gelben Eier einzeln an Möhren, Dill, Petersilie oder Fenchel im Gemüse- oder Kräuterbeet ab. Meist wird man daher auf ihn aufmerksam, wenn man die fingerdicken Raupen findet. Sie sind sehr bunt gepunktet und kontrastreich gestreift. Damit signalisieren sie Feinden ihre Ungenießbarkeit, denn sie reichern die würzig duftenden Inhaltsstoffe der Nahrungspflanzen im Körper an.

Die bunte Schwalbenschwanzraupe findet man gelegentlich im Küchenkräuterbeet.

Gartentipp
Es lohnt sich auch, schon nach den ganz jungen Schwalbenschwanzraupen zu suchen. Sie sind noch nicht bunt, sondern betreiben „Vogelkot-Mimese“, wirken also auf Feinde unappetitlich.

„Schwänze“ an den Hinterflügeln

Blaue Binde und rote Augenflecken auf den Hinterflügeln

FLUGZEIT: April–September • **LEBENSRÄUME:** Gärten, Wiesen, Brachen, Trockenrasen • **KLASSE:** Insekten *(Insecta)* • **ORDNUNG:** Schmetterlinge *(Lepidoptera)* • **FAMILIE:** Ritterfalter *(Papilionidae)*

FAULBAUM-BLÄULING • GARTEN-BLÄULING

Blauer Blickfang

Celastrina argiolus
Flügelspannweite 23 bis 30 mm

Männchen oberseits hellblau

Die meisten Bläulingsarten sind selten geworden und auf die wenigen Reste blütenreicher Wiesen in unserer Landschaft zurückgedrängt. Nur der Faulbaum-Bläuling scheint davon kaum beeinflusst und ist auch häufig in Gärten zu beobachten. Das liegt vor allem daran, dass er seine Eier an einem weiten Spektrum von Nahrungspflanzen ablegen kann – die Raupen fressen unter anderem an so beliebten Gartenpflanzen wie Blutweiderich, Liguster, Besenheide und Efeu. Die Falter besuchen im Frühling und wieder im Spätsommer alle Blüten, die ihnen ausreichend Nektar bieten. Von Weitem sieht man oft die glänzend weiße Flügelunterseite, öffnen sie aber die Flügel, bestechen sie mit einem leuchtenden Hellblau. Treffen Männchen und Weibchen aufeinander, umwirbeln sie einander oft in wilden Balzflügen.

Eiablage an Efeuknospen. Die Flügelunterseite ist auffallend weiß.

Gartentipp

Die Eiablage lässt sich beim Garten-Bläuling leicht beobachten, wenn das Weibchen mit gekrümmtem Hinterleib den idealen Platz zwischen Blütenknospen sucht.

FLUGZEIT: April–September • **LEBENSRÄUME:** Gärten, Parks, lichte Wälder, Heiden, Trockenrasen • **KLASSE:** Insekten *(Insecta)* • **ORDNUNG:** Schmetterlinge *(Lepidoptera)* • **FAMILIE:** Bläulinge *(Lycaenidae)*

TAUBENSCHWÄNZCHEN

Der Kolibri unter den Schmetterlingen

Macroglossum stellatarum
Flügelspannweite 40 bis 50 mm

In strahlendem Sonnenschein steht das Taubenschwänzchen mit rasantem Flügelschlag schwirrend in der Luft und taucht seinen langen Saugrüssel tief in einen Blütenkelch hinein – unwillkürlich fühlt man sich bei einem solchen Anblick an einen Kolibri erinnert. Doch eigentlich gehört der kräftige Schwärmer zu den Nachtfaltern. Wie der Admiral wandert er alljährlich im Frühjahr aus dem Mittelmeerraum bei uns ein. Doch nutzt auch das Taubenschwänzchen mittlerweile die milderen Winter verstärkt dazu, in Mitteleuropa zu bleiben und dann schon an sonnigen Februartagen nach ersten Nektarquellen zu suchen. Die Raupen fressen an Labkraut und sind daher auf mageren Wiesen oder Wegrändern zu finden. Wie bei allen Schwärmern erfolgt die Verpuppung in einer Kammer am oder im Boden.

Gartentipp

Schwärmer lassen sich mit duftenden Blüten in den Garten locken. Ihre meist sehr langen Saugrüssel sind an tiefe Blütenkelche angepasst. Petunien oder Phlox sind daher bei ihnen sehr beliebt.

Taubenschwänzchen-Raupe an Echtem Labkraut.

FLUGZEIT: März–Oktober • **LEBENSRÄUME:** überall in blütenreichen Offenlandschaften • **KLASSE:** Insekten *(Insecta)* • **ORDNUNG:** Schmetterlinge *(Lepidoptera)* • **FAMILIE:** Schwärmer *(Sphingidae)*

Diese fingerdicke Raupe sitzt auf Schneebeere im Garten.

Schnittige Flügel im Tarnfarben-Look.

LIGUSTERSCHWÄRMER

Die Raupe – eine wahre Sphinx

Sphinx ligustri
Flügelspannweite 90 bis 120 mm, Raupe bis 100 mm

Nachtfalter, die frühestens in der Abenddämmerung aktiv werden, nehmen wir im Garten oft gar nicht wahr. Ihre Raupen sind allerdings manchmal echte Hingucker – so auch die Raupe des Ligusterschwärmers. In ruhender Position richtet die große Falterlarve ihre vordere Körperhälfte senkrecht auf. Diese Haltung hat ihr den treffenden wissenschaftlichen Gattungsnamen *Sphinx* eingetragen. Die schrägen, violett-weißen Seitenstreifen sind hübsch anzusehen, lösen aber die Körperumrisse auf und tragen damit zur Tarnung bei. Die schokoladenbraune Puppe überwintert unterirdisch. Eine abgesetzte Rüsselscheide verleiht ihr eine ungewöhnliche Gestalt. Der kräftige Nachtfalter kann sich tagsüber auf Baumrinde unsichtbar machen, Fressfeinde aber auch mit seinem pink-schwarz gestreiften Hinterleib erschrecken, wenn er ruckartig die Flügel hebt.

Gartentipp

In Ligusterhecken, aber auch auf Flieder, Schneebeere, Esche, Spierstrauch, Heckenkirsche oder Forsythie kann man von Juni bis Oktober nach der Raupe suchen.

FLUGZEIT: Mai–Juli • **LEBENSRÄUME:** Gärten, Parks, Waldränder, Brachen • **KLASSE:** Insekten *(Insecta)* • **ORDNUNG:** Schmetterlinge *(Lepidoptera)* • **FAMILIE:** Schwärmer *(Sphingidae)*

GAMMAEULE

Allgegenwärtig und anspruchslos

Autographa gamma
Flügelspannweite 35 bis 40 mm

Gartentipp

Den grünen Raupen „fehlen" zwei Bauchfüße, sodass sie den Körper in der Fortbewegung wie Spannerraupen immer wieder hoch aufwölben und das Hinterende nachziehen.

Aus der großen Nachtfaltergruppe der Eulen, die sich meist durch einen robusten Körperbau und düstere Farben auszeichnen, ist die Gammaeule wohl der häufigste und auffälligste Vertreter im Garten. Das hat verschiedene Gründe: Als Wanderfalter trifft sie jedes Jahr ab Mai in meist recht großer Zahl bei uns ein. Da ihre Raupen, die bei uns wohl oft auch überwintern können, nahezu an allen häufigen Kräutern wie Löwenzahn und Wegerich, aber auch an Kohl und Basilikum fressen, findet sie in fast jedem Garten einen Lebensraum. Außerdem ist sie sowohl am Tag als auch in der Dämmerung aktiv und daher im Sommer als eifrige Blütenbesucherin rund um die Uhr zu beobachten. Auffällig ist ihr schwirrender, oft hektisch wirkender Flug. Namensgebend ist der griechische Buchstabe Gamma, den sie als weißen Fleck jeweils auf den Vorderflügeln trägt.

Weißer Flügelmakel in Form des griechischen Gamma

Die grünen Raupen bewegen sich spannerartig fort.

FLUGZEIT: März–November • **LEBENSRÄUME:** Gärten, Wiesen, Weiden, Felder, Brachflächen • **KLASSE:** Insekten *(Insecta)* • **ORDNUNG:** Schmetterlinge *(Lepidoptera)* • **FAMILIE:** Eulenfalter *(Noctuidae)*

BUCHSBAUMZÜNSLER

Gefürchteter Neubürger

Cydalima perspectalis
Flügelspannweite 40 bis 45 mm

Gartentipp
Buchsbaumzünsler besuchen manchmal tagsüber Blüten, fliegen aber vor allem nachts zum Licht, sodass man sie oft unter der Hausbeleuchtung finden kann.

Aus der großen Zahl der Kleinschmetterlinge, die verwandtschaftlich sehr unterschiedliche Schmetterlingsfamilien umfassen, hat der Buchsbaumzünsler seit seinem Eintreffen in Deutschland im Jahr 2006 – wahrscheinlich wurden Eigelege mit Buchsbäumen aus Ostasien importiert – besonders häufig negative Schlagzeilen gemacht. Zwar ist er ein durchaus ansehnlicher Falter, aber seine Raupen haben schon unzählige Gartenbesitzer und Friedhofsgärtner zur Verzweiflung gebracht. Sie treten nämlich gern in Massen auf, fressen die Blätter und schließlich auch die Rinde von Buchsbäumen oft komplett ab, sodass diese unansehnlich braun werden und insbesondere nach mehrfachem Befall absterben. Da diese Art zwei bis drei Generationen im Jahr ausbilden und Büsche rasch neu besiedeln kann, ist eine Bekämpfung äußerst schwierig.

An diesem Buchsbaum haben die Raupen ihr zerstörerisches Werk begonnen.

Helle Flügel mit dunklem Saum – manchmal auch ganz dunkel

FLUGZEIT: April–Oktober • **LEBENSRÄUME:** Gärten mit Buchsbäumen • **KLASSE:** Insekten *(Insecta)* • **ORDNUNG:** Schmetterlinge *(Lepidoptera)* • **FAMILIE:** Zünsler *(Crambidae)*

Balkenschröterlarve im Holzmulm eines verrottenden Birkenstammes.

Weibchen mit vorstehenden Oberkiefern – fast schon ein kleines „Geweih".

BALKENSCHRÖTER

Der „kleine Bruder" des Hirschkäfers

Dorcus parallelipipedus
19 bis 32 mm

Originalgröße

Die großen Hirschkäfer *(Lucanus cervus)* sind eher selten in Gärten zu finden, aber der Balkenschröter ist hier recht häufig. Die Verwandtschaft erkennt man bei genauerem Hinsehen an dem „Minigeweih", das die Oberkiefer der Männchen bilden. Die erwachsenen Käfer erscheinen ab April und fliegen im Sommerhalbjahr in der Abenddämmerung ums Haus. Tagsüber ruhen sie oft am Boden unter liegenden Baumstämmen. Ihre Larven entwickeln sich in totem Holz von Laubbäumen, und zwar in Stümpfen, Stämmen und dicken Ästen. Vor allem die Überreste von Birken ziehen sie magisch an. Mit ihren kräftigen Kiefern nagen sie Gänge hinein, und nach wenigen Jahren ist ein Birkenstamm durch das gemeinsame Wirken von Balkenschrötern, anderen Käferlarven und Pilzen geradezu pulverisiert.

Gartentipp

Nach einer Baumfällung sollte man den Stumpf stehen lassen und zumindest einen Teil des Totholzes aufschichten. Hiervon profieren unzählige Insekten und weitere Tiere im Garten.

FLUGZEIT: April–August • **LEBENSRÄUME:** Gärten, Parks, Alleen, Streuobstwiesen, Wälder • **KLASSE:** Insekten *(Insecta)* • **ORDNUNG:** Käfer *(Coleoptera)* • **FAMILIE:** Schröter *(Lucanidae)*

Ein Widderbock auf Margeritenblüten.

Charakteristische schwarz-gelbe „Wespentracht“

GEMEINER WIDDERBOCK

Harmloser Käfer im Wespenlook

Clytus arietis
7 bis 14 mm

Originalgröße

Bockkäfer sind eine artenreiche und ökologisch sehr interessante Käferfamilie. Einige von ihnen sind schwarz-gelb gemustert und damit auf den ersten Blick wehrhaften Wespen sehr ähnlich. Dadurch werden Fressfeinde abgeschreckt. Der Gemeine Widderbock, dessen Name wohl daher rührt, dass seine langen, gebogenen Fühler an die Hörner eines Widders erinnern, ist eine der häufigsten Arten mit Wespenmimikry und im Frühling oft auf Blüten anzutreffen. Die proteinreiche Pollennahrung begünstigt bei den Weibchen die Reifung der Eier, die an Totholz abgelegt werden. Da Wespen regelmäßig Totholz aufsuchen, um Material für ihre Papiernester zu gewinnen, ist die Warntracht auch an dieser Stelle sehr wirksam. Die Larven des Wespenbocks leben zwischen Rinde und Holz in abgestorbenen Stämmen und Ästen verschiedener Laubbäume.

Gartentipp

Wenn der Rasen nicht gedüngt und seltener gemäht wird, kann er sich zur blütenreichen Wiese entwickeln, was neben Bienen und Schmetterlingen auch Bockkäfer anlockt.

FLUGZEIT: April–August • **LEBENSRÄUME:** Gärten, Parks, Feldgehölze, Streuobstwiesen, Wälder • **KLASSE:** Insekten *(Insecta)* • **ORDNUNG:** Käfer *(Coleoptera)* • **FAMILIE:** Bockkäfer *(Cerambycidae)*

FELDMAIKÄFER

Das große Krabbeln

Melolontha melolontha
20 bis 30 mm

Kastanienbraune Flügeldecken

Nachdem Maikäfer über Jahrzehnte durch Bekämpfungsmethoden mit Insektiziden dezimiert wurden, gibt es sie inzwischen wieder etwas häufiger. Ab Ende April krabbeln sie aus der Erde, wo sie schon seit dem Herbst des Vorjahres sehnsüchtig auf die Frühlingswärme warten, und fliegen in der Abenddämmerung um Häuser und Bäume. Die erwachsenen Käfer fressen die Blätter von Laubbäumen. Ihre weißen Larven mit der typischen gekrümmten Gestalt bezeichnet man als Engerlinge. Sie brauchen drei bis vier Jahre für ihre Entwicklung im Erdboden, wo sie sich von Pflanzenwurzeln ernähren. Man findet sie gelegentlich beim Umgraben. Noch häufiger ist im Garten ein naher Verwandter, der Gartenlaubkäfer (*Phyllopertha horticola*, 8 bis 11 mm), auch als Junikäfer bezeichnet. Er ist kleiner und an seinem grünen Kopf und Halsschild erkennbar.

Originalgröße

Gartentipp

Engerlinge von Mai- und Junikäfern stellen eine wichtige Nahrungsquelle für viele Tiere im Garten dar. Stare stochern auf Rasenflächen unablässig nach ihnen und füttern damit ihren Nachwuchs.

Porträt eines männlichen Feldmaikäfers.

FLUGZEIT: April–Juni • **LEBENSRÄUME:** Gärten, Parks, Wälder • **KLASSE:** Insekten *(Insecta)* • **ORDNUNG:** Käfer *(Coleoptera)* • **FAMILIE:** Blatthornkäfer *(Scarabaeidae)*

Das flügellose Weibchen leuchtet in Sommernächten als „Würmchen“ am Boden.

Männchen im Spinnennetz – das Leuchtorgan auf der Unterseite ist sichtbar.

KLEINER LEUCHTKÄFER • GLÜHWÜRMCHEN

Sorgt für romantische Mittsommernächte

Lamprohiza splendidula
8 bis 10 mm

Werden Rasenflächen und Gebüschränder im Garten nicht zu intensiv gepflegt, sind die Voraussetzungen günstig, dass sich Glühwürmchen einstellen. In warmen Nächten schweben sie im Juni und Juli als grünlich gelbe Lichtpunkte umher. Dabei handelt es sich um die Männchen des Kleinen Leuchtkäfers, die ihr Licht im Flug an- und ausschalten können. Sie besitzen dunkle Flügeldecken; ihr Leuchtorgan tragen sie unterseits nahe am Hinterleibsende. Die Flügel der Weibchen sind so stark reduziert, dass sie flugunfähig sind. Sie sind weißlich gefärbt, sitzen nachts regungslos am Boden und leuchten mit ihrem Hinterleib, um Männchen anzulocken. Beim Großen Leuchtkäfer (*Lampyris noctiluca*, 10 bis 20 mm), der eher an trockenwarmen Standorten vorkommt, leuchten nur die flugunfähigen Weibchen. Leuchtkäferlarven ernähren sich von Schnecken.

Gartentipp
Glühwürmchen sind in vielen Regionen selten geworden. Gartenbeleuchtung, etwa in Form von Leuchtdioden im Rasen, stört sie bei der Partnerfindung und sollte im Sommer unterbleiben.

Originalgröße

Halsschild überragt den Kopf, teilweise transparent

FLUGZEIT: Juni–Juli • **LEBENSRÄUME:** Gärten, Parks, lichte Wälder, Waldränder • **KLASSE:** Insekten *(Insecta)* • **ORDNUNG:** Käfer *(Coleoptera)* • **FAMILIE:** Leuchtkäfer *(Lampyridae)*

GOLDGLÄNZENDER ROSENKÄFER

Der Edelstein unter den Käfern

Cetonia aurata
14 bis 20 mm

Die grüngolden schimmernden Rosenkäfer lösen stets Bewunderung aus, wenn sie im Sonnenlicht auf Blüten landen. Hier wirken sie behäbig, aber durch einen Trick sind sie erstaunlich reaktionsschnell und wendig: Wenn sie auffliegen, brauchen sie nicht ihre starren Flügeldecken anzuheben, um die darunterliegenden Hinterflügel zu entfalten, sondern sie schieben ihre Hinterflügel einfach durch seitliche Aussparungen hervor. Zur Eiablage suchen sie Komposthaufen oder verrottendes Holz auf, denn ihre Larven, die den Engerlingen von Maikäfern stark ähneln, ernähren sich von verrottendem Pflanzenmaterial. Die erwachsenen Käfer ernähren sich von Pollen und Nektar und paaren sich im Frühling auch auf den Blüten. Man findet sie im Garten manchmal sogar noch im Oktober auf blühendem Efeu.

Gartentipp

Büsche und Bäume, die im Zeitraum von April bis Juni blühen, locken Rosenkäfer zuverlässig an; dazu zählen Apfelbaum, Weißdorn, Schneeball und tatsächlich auch Rosen.

Grüne Flügeldecken mit feinen weißen Zeichnungen und goldenem Glanz

„Doppeldecker": Die Paarung der Rosenkäfer.

FLUGZEIT: April–Oktober • **LEBENSRÄUME:** Gärten, Waldränder, Lichtungen, Trockenhänge • **KLASSE:** Insekten *(Insecta)* • **ORDNUNG:** Käfer *(Coleoptera)* • **FAMILIE:** Blatthornkäfer *(Scarabaeidae)*

ASIATISCHER MARIENKÄFER • HARLEKIN

Vom Nützling zum unbeliebten Räuber

Harmonia axyridis
6 bis 8 mm

Der Asiatische Marienkäfer ist mittlerweile zweifellos der häufigste Marienkäfer in unseren Gärten und hat heimische Arten wie den Siebenpunkt *(Coccinella septempunctata)* und insbesondere den Zweipunkt *(Adalia bipunctata)* längst in die zweite Reihe gedrängt. Er ist äußerst variabel gefärbt, was sich insbesondere zeigt, wenn er sich in der kalten Jahreszeit massenhaft auf Fensterbänken und in Türrahmen einfindet. Er stammt aus Ostasien und wurde im 20. Jahrhundert in Amerika und Europa zur biologischen Schädlingsbekämpfung eingesetzt: Sowohl als Larve als auch als erwachsener Käfer vertilgt er täglich unzählige Blattläuse. Seit er sich jedoch etwa im Jahr 2000 in West- und Mitteleuropa auszubreiten begann, wurde deutlich, dass er auch andere Blattlausräuber verspeist und ihnen als Konkurrent deutlich überlegen ist.

Auch die Puppe des Asiatischen Marienkäfers ist bunt.

Oft 19 Punkte, aber extrem variabel

Schwarzes W auf Halsschild

Gartentipp

Wer Blattlauskolonien an Büschen im Garten absucht, findet dort oft die schwarzen Larven des Asiatischen Marienkäfers, die durch orange Borstenreihen gekennzeichnet sind.

FLUGZEIT: April–Oktober • **LEBENSRÄUME:** Gärten, Parks, Feldgehölze, Wälder • **KLASSE:** Insekten *(Insecta)* • **ORDNUNG:** Käfer *(Coleoptera)* • **FAMILIE:** Marienkäfer *(Coccinellidae)*

Bei den Larven dieser Art ist die Haut durchsichtig und erlaubt einen Blick auf die inneren Organe.

Schwarze Querstreifen auf orange gefärbtem Hinterleib, teils bogenförmig geschwungen (wie „Schnurrbärte").

HAINSCHWEBFLIEGE • WINTERSCHWEBFLIEGE

Natürlicher Schädlingsbekämpfer

Episyrphus balteatus
10 bis 11 mm

Die Hainschwebfliege ist unsere häufigste Schwebfliegenart und wohl in jedem Garten als eifrige Blütensucherin anzutreffen. Sie sonnt sich sogar an milden Wintertagen auf trockenem Laub, ist aber auch eine wandernde Art, die im Frühling in großer Zahl über die Alpenpässe Richtung Norden zieht. Im Garten hilft sie sehr wirksam bei der Bekämpfung von Blattläusen. Die Weibchen legen ihre weißen Eier einzeln direkt in oder an Blattlauskolonien, und die frisch geschlüpften Larven machen sich unmittelbar ans Werk: Sie steuern auf die nächste Blattlaus zu und saugen sie aus. Nach gut einer Woche, in der sie zahllose Blattläuse verspeist und sich zweimal gehäutet hat, verpuppt sie sich innerhalb der letzten Larvenhaut. Innerhalb nur weniger Tage findet in dem tropfenförmigen Gebilde der Umbau zur erwachsenen Schwebfliege der nächsten Generation statt.

Originalgröße

Gartentipp

Es gibt mehrere weitere Schwebfliegenarten, deren Larven sich von Blattläusen ernähren. Während erwachsene Schwebfliegen oft wehrhafte Wespen nachahmen, setzen die Larven auf Tarnung.

FLUGZEIT: März–November • **LEBENSRÄUME:** nahezu überall • **KLASSE:** Insekten *(Insecta)* • **ORDNUNG:** Zweiflügler *(Diptera)* • **FAMILIE:** Schwebfliegen *(Syrphidae)*

HORNISSENSCHWEBFLIEGE

Harmlose Hochstaplerin

Volucella zonaria
18 bis 22 mm

Gartentipp
Sehr ähnlich ist die Gebänderte Waldschwebfliege *(Volucella inanis)*, die allerdings drei schwarze Querbinden auf dem Hinterleib trägt und etwas blasser gelb gefärbt ist.

Unter den zahlreichen Schwebfliegen im Garten, die sich vor dem Zugriff hungriger Feinde dadurch schützen, dass sie in Färbung und Gestalt wehrhaften Bienen oder Wespen gleichen, wirkt die Hornissenschwebfliege am „gefährlichsten". Sie kann aber wie alle Schwebfliegen weder stechen noch beißen. Es handelt sich eigentlich um eine mediterrane Art, die einst im Sommer nur gelegentlich in das südliche Mitteleuropa einwanderte. Mittlerweile taucht sie aber immer häufiger in ganz Deutschland auf, breitet sich also offenbar nach Norden aus. Sie besucht Blüten unter anderem von Sommerflieder, Dost und Efeu. Offenbar kann sie ihre hornissengleiche Gestalt auch nutzen, um Eier in Hornissennester zu schmuggeln. Ihre Larven ernähren sich dort von Nahrungsresten sowie von toten oder sterbenden Hornissen.

Originalgröße

Die Gebänderte Waldschwebfliege (Volucella inanis) ist sehr ähnlich, hat aber drei schwarze Querbinden.

FLUGZEIT: Juni–Oktober • **LEBENSRÄUME:** Gärten, Wald- und Wegränder • **KLASSE:** Insekten *(Insecta)* • **ORDNUNG:** Zweiflügler *(Diptera)* • **FAMILIE:** Schwebfliegen *(Syrphidae)*

Die Gemeine Keilfleckschwebfliege (Erstalis pertinax) ähnelt der Mistbiene sehr.

MISTBIENE

Honigbiene als Vorbild

Eristalis tenax
12 bis 15 mm

Die dunkelbraun gefärbte Mistbiene ist eine Schwebfliege, die einer Honigbiene zum Verwechseln ähnlich sieht. Mit „Mist" wird sie namentlich in Verbindung gebracht, weil sich ihre Larven in fauligem Wasser entwickeln und sich dort von verrottendem Pflanzenmaterial ernähren. Um ihre Sauerstoffversorgung zu gewährleisten, tragen sie eine schnorchelartige Verlängerung am Hinterende, die sie bis zur Wasseroberfläche ausfahren können. Das hat ihnen die Bezeichnung „Rattenschwanzlarven" eingetragen. Mistbienen sind sehr häufige Blütenbesucher im Garten und dort nur schwer von ähnlichen Arten zu unterscheiden. Die ebenfalls häufige Gemeine Keilfleckschwebfliege *(Eristalis pertinax)* trägt eine gefiederte Fühlerborste, während diese bei der Mistbiene kahl ist. Auf solche Feinheiten achten Vögel auf der Jagd aber nicht – beide werden als „Bienen" wahrgenommen und daher als Beute verschmäht.

Gartentipp

Es gibt einige weitere Schwebfliegen, deren Larven in schlammigen Kleingewässern, manchmal sogar nur wassergefüllten Astlöchern oder Blumentöpfen heranwachsen.

FLUGZEIT: März–November • **LEBENSRÄUME:** nahezu überall • **KLASSE:** Insekten *(Insecta)* • **ORDNUNG:** Zweiflügler *(Diptera)* • **FAMILIE:** Schwebfliegen *(Syrphidae)*

GEMEINE FLORFLIEGE

Filigraner Nützling

Chrysoperla carnea
10 bis 15 mm

Die Florfliegenlarve jagt gern Blattläuse.

Dass Florfliegen keine Fliegen sind, sondern zur Ordnung der Netzflügler zählen, sieht man ihren zarten, von einem dichten Adernetz durchzogenen Flügeln unmittelbar an. Besonders hübsch sind die golden schimmernden Augen, weshalb man sie auch als Goldaugen bezeichnet. Hinter der Gemeinen Florfliege verbirgt sich ein Komplex aus mehreren Arten, die man äußerlich nicht unterscheiden kann. Die Weibchen befestigen die weißen Eier an langen dünnen Stielen. Da die Larven sich von Blattläusen und anderen kleinen Insekten ernähren, setzt man sie ähnlich wie einige Marienkäfer und Schwebfliegen gern als biologische Schädlingsbekämpfer ein. Erwachsene Florfliegen sieht man gelegentlich an Blüten, wo sie Pollen und Nektar aufnehmen, aber sie sind auch nachtaktiv und fliegen dann zum Licht.

Gartentipp
Die Gemeine Florfliege verfärbt sich im Herbst bräunlich und sucht zur Überwinterung Verstecke auf. Man kann sie dann auf Fensterbänken und Dachböden antreffen.

Originalgröße

FLUGZEIT: März–Oktober • **LEBENSRÄUME:** nahezu überall • **KLASSE:** Insekten *(Insecta)* • **ORDNUNG:** Netzflügler *(Neuroptera)* • **FAMILIE:** Florfliegen *(Chrysopidae)*

WIRBELTIERE

Während Amphibien und Reptilien in Gärten ähnlich wie in Feld und Flur immer seltener werden, zeigen intelligente und anpassungsfähige Säugetiere wie auch manche Vögel eine zunehmende Vorliebe für Gärten. Amphibien lockt insbesondere ein naturnaher Gartenteich an. Vogelbeobachtungen im Garten zählen wohl mittlerweile zu den beliebtesten Freizeitbeschäftigungen. Viele Säugetiere zeigen sich hingegen nur sehr selten, weil sie sich vorwiegend unterirdisch aufhalten oder im Schutz der Nacht bewegen.

ERDKRÖTE

Huckepack zum Gartenteich

Bufo bufo
7 bis 12 cm

Amphibien zählen weltweit zu den am stärksten gefährdeten Tieren, und auch in Deutschland befinden sie sich durch Zerstörung, Verschlechterung und Zerschneidung ihrer Lebensräume sowie die zunehmenden Dürreperioden in einem dramatischen Rückgang. Zu den häufigsten und am weitesten verbreiteten Arten zählt die Erdkröte. Sie kann Gärten sogar in Städten in mehrfacher Hinsicht als Lebensraum nutzen. Ein Gartenteich kann als Laichgewässer dienen, zu dem die Kröten im Frühjahr wandern. Ab Ende Februar verlassen sie ihre Winterverstecke. Die Männchen warten auf die Gelegenheit, sich schon unterwegs fest an ein Weibchen zu klammern und sich auf dessen Rücken zum Gewässer tragen zu lassen. Die Weibchen legen die Eier im Wasser in Schnüren ab. Dann schlüpfen die Kaulquappen, und im Sommer verlassen sie nach der Metamorphose zur Minikröte den Teich.

Erdkröten-Kaulquappen in einem Teich.

AKTIVITÄT: Februar/März–Oktober • **LEBENSRÄUME:** Gärten, Parks, Laub- und Mischwälder, Hecken, Streuobstwiesen; stehende Gewässer • **KLASSE:** Amphibien *(Amphibia)* • **ORDNUNG:** Froschlurche *(Anura)* • **FAMILIE:** Kröten *(Bufonidae)*

Das große Erdkrötenweibchen trägt das kleinere Männchen nachts zum Laichgewässer.

Gartentipp

Ein Garten als Sommerlebensraum für Erdkröten ist strukturreich mit Gebüschen und Unterwuchs. Zur Überwinterung dienen Holzstapel, Steinhaufen oder sogar ungeheizte Kellerräume.

Kräftige Ohrdrüsen produzieren giftige Sekrete zur Feindabwehr.

Ringelnattern sonnen und paaren sich im zeitigen Frühjahr oft in Gewässernähe.

Hellgelbe „Halbmondflecken" hinter dem Kopf.

RINGELNATTER

Zu Unrecht gefürchtet

Natrix natrix
75 bis 180 cm

Gartentipp

Ringelnattern mögen Komposthaufen. Ihre Eier lassen sie darin von der Fäulniswärme „ausbrüten". Manchmal überwintern sie auch hier – oder unter Steinen, in der Erde oder sogar in Kellern.

Schlangen lösen leider bei vielen Menschen immer noch einen Reflex des Unbehagens aus. Die Ringelnatter ist jedoch völlig harmlos – und eigentlich eine große Attraktion im Garten, denn wie alle heimischen Reptilien leidet sie sehr unter dem Verlust von Lebensräumen, dem Straßenverkehr, aber auch dem zunehmenden Druck durch Feinde wie Wildschweine und streunende Katzen. Fühlt sie sich bedroht, ergreift sie „explosionsartig" die Flucht oder stellt sich tot. In die Hand nehmen sollte man sie lieber nicht, denn sie kann eine übel riechende Flüssigkeit aus ihrer Kloake absondern. Die Ringelnatter ist eine höchst elegante Schwimmerin, was man im Gartenteich beobachten kann, wenn sie auf Amphibienjagd geht. Am Ufer sonnt sie sich gern ausgiebig, manchmal sogar auf der Terrasse. Nach der Überwinterung erfolgt im April oder Mai die Paarung.

Ringelnattern schlängeln sich sehr elegant durchs Wasser.

AKTIVITÄT: März–Oktober • **LEBENSRÄUME:** strukturreiche Lebensräume mit Gewässern, unter anderem Gärten, Auen, Wälder und Waldränder, Sümpfe, Moore, Böschungen • **ORDNUNG:** Schuppenkriechtiere *(Squamata)* • **UNTERORDNUNG:** Schlangen *(Serpentes)* • **FAMILIE:** Nattern *(Colubridae)*

AMSEL

Flötende Klänge vom Dachfirst

Turdus merula
23,5 bis 29 cm

Männchen in der Brutzeit mit gelbem Schnabel und gelbem Augenring.

Der melodisch flötende Gesang der Amsel ist vom zeitigen Frühjahr bis weit in den Sommer hinein morgens und abends prägend für die Gartenlandschaften in Städten und Dörfern. Im Februar/März sieht man die schwarzen Amselhähne manchmal flügelschlagend in Kämpfe verwickelt. In dichten Büschen, aber auch an geschützten Stellen am Haus (Blumenkästen, Mauervorsprünge) wird das Napfnest aus Halmen, Schnüren und Zweigen gebaut und innen mit feuchter Erde und Moos ausgepolstert. Die vier bis fünf Eier sind grünblau gefärbt und rötlich gesprenkelt. Wenn die Jungen nach zweiwöchiger Brut schlüpfen, tragen die Eltern die Eischalen aus dem Nest und werfen sie in größerer Entfernung ab. Nach weiteren zwei Wochen verlassen die Jungen das Nest, machen aber noch lange mit lauten Bettelrufen („dschröt-dschrit“) auf sich aufmerksam und werden weiter gefüttert.

Amselgelege: Die hellblauen Eier sind rötlich gesprenkelt.

Gartentipp

Amseln suchen ihre Nahrung auf typische Weise, wenn sie etwa Regenwürmer aus dem Rasen ziehen oder trockenes Laub geräuschvoll wenden.

BEI UNS: ganzjährig • **BRUTZEIT:** Februar–August, mit 2–3 Bruten • **LEBENSRÄUME:** Gärten, Parks, Wälder • **ORDNUNG:** Sperlingsvögel *(Passeriformes)* • **UNTERORDNUNG:** Singvögel *(Passeri)* • **FAMILIE:** Drosseln *(Turdidae)*

Die Küken im Napfnest betteln mit buntem Sperrrachen.

GRÜNSPECHT

„Lachender" Ameisenjäger

Picus viridis
30 bis 36 cm

Der Grünspecht sucht Ameisennester am Boden.

Der Grünspecht mutet mit seiner Größe und seinem gelbgrünen Gefieder sowie der roten Kopfkappe wie ein Vogel aus tropischen Gefilden an, wenn er auf dem Rasen landet. Er sucht hier allerdings nach heimischen Ameisen, deren Nester er plündert. Dazu hackt er trichterförmige Löcher in den Boden und fährt mit seiner langen, klebrigen Zunge tief in die Gänge der Bauten hinein. Die Ameisen sowie ihre Larven und Puppen bleiben an der Zunge haften. Im Winter räumt der Grünspecht sogar Schnee beiseite, um an die Ameisen zu gelangen. Wenn die Ameisen sich weit zurückgezogen haben, muss er außerdem regelrechte Stollen in den Boden graben. Der Grünspecht schätzt Gartenlandschaften mit offenen Flächen und altem Baumbestand. Hier brütet er in vorhandenen Baumhöhlen, legt in morschem Holz manchmal aber auch eigene Höhlen an.

Gartentipp

Der Ruf des Grünspechts ist unverwechselbar: Er klingt wie lautes, schallendes Gelächter. Der Bartstreif des Männchens ist in der Mitte rot gefärbt.

BEI UNS: ganzjährig • **BRUTZEIT:** April–August, 1 Brut • **LEBENSRÄUME:** Gärten mit alten Bäumen, Parks, Streuobstwiesen, Waldränder • **ORDNUNG:** Spechtvögel *(Piciformes)* • **UNTERORDNUNG:** Spechtartige *(Picoidea)* • **FAMILIE:** Spechte *(Picidae)*

ROTKEHLCHEN

Territorialer „Weihnachtsvogel“

Erithacus rubecula
12,5 bis 14 cm

Rotkehlchen singen auch im Winter.

Obwohl Rotkehlchen auf uns recht freundlich wirken und im Garten ziemlich zutraulich sein können, sind sie untereinander sehr territorial und unverträglich. Treffen sie aufeinander, können wilde Verfolgungsjagden sowie Kämpfe mit ernsthaften Verletzungen die Folge sein. Auch im Winter markieren sie ihr Revier mit ihrem perlenden Gesang. In England werden sie als Weihnachtsvögel bezeichnet. Stets einzeln erscheinen sie an Winterfutterstellen und nehmen dort mit ihrem pinzettenartigen Schnabel vor allem Weichfutter wie Rosinen und Haferflocken auf. Als Waldvögel schätzen Rotkehlchen Gärten mit viel Gebüsch und Unterholz. Ihr Nest legen sie am Boden an, manchmal auch in Blumentöpfen.

Gartentipp

Rotkehlchen kann man „anfüttern“: Bei der Gartenarbeit im Frühjahr lernen sie schnell, dass es sich lohnt, nach freigelegten Würmern und Insektenlarven Ausschau zu halten.

BEI UNS: ganzjährig • **BRUTZEIT:** Februar–August, mit 2–3 Bruten • **LEBENSRÄUME:** Gärten, Parks, Feldgehölze, Wälder • **ORDNUNG:** Sperlingsvögel *(Passeriformes)* • **UNTERORDNUNG:** Singvögel *(Passeri)* • **FAMILIE:** Fliegenschnäpper *(Muscicapidae)*

Stare nutzen gern Wasserstellen im Garten zum Baden.

STAR

Höhlenbrüter im Sinkflug

Sturnus vulgaris
19 bis 22 cm

Gartentipp
Stare brüten gern in lockeren Gruppen, schätzen es also, wenn Nistkästen nicht zu weit voneinander entfernt hängen. Die Weibchen legen das eine oder andere Ei auch in fremde Nester.

Wenn die Stare im Frühling am Brutplatz eintreffen, beginnt eine geräuschvolle Zeit: Flügelschlagend tragen die Männchen ihre nasalen Balzgesänge vor. Es werden unterschiedliche Sounds eingemischt, die die Vögel im Laufe der Zeit erlernt haben: So erklingen aus den Bäumen plötzlich Blässhuhnrufe und Handy-Klingeltöne. Gebrütet wird in Baumhöhlen und Nistkästen. Die Jungen werden vor allem mit Würmern und Insektenlarven gefüttert. Ab dem Sommer können Stare reifenden Früchten wie Kirschen nicht widerstehen. Doch der Starenbestand ist in Mitteleuropa seit den 1970er Jahren in einer Größenordnung von Millionen geschrumpft, sodass ihre Schwärme in der herbstlichen Zugzeit kleiner geworden sind. Die meisten Stare überwintern in Südwesteuropa, aber im Zuge der milderen Winter bleiben immer mehr von ihnen in Mitteleuropa und kommen dann an Futterstellen.

Starenbrut in einer Baumhöhle.

BEI UNS: ganzjährig • **BRUTZEIT:** März–Juli, mit 1–2 Bruten • **LEBENSRÄUME:** Gärten, Parks, Streuobstwiesen, Waldränder • **ORDNUNG:** Sperlingsvögel *(Passeriformes)* • **UNTERORDNUNG:** Singvögel *(Passeri)* • **FAMILIE:** Stare *(Sturnidae)*

HAUSROTSCHWANZ

Knirschende Gesänge im Morgengrauen

Phoenicurus ochruros
13 bis 14,5 cm

Gartentipp

Bei der Beutejagd ist die Zugehörigkeit zur Familie der Fliegenschnäpper unverkennbar: Von erhöhten Positionen aus werden Insekten aus der Luft oder am Boden gefangen.

Wenn sich der erste Schimmer der Morgendämmerung ankündigt, hat der Hausrotschwanz schon seine Singwarte auf dem Dachfirst bezogen und nutzt die Gunst der frühen Stunde: Die eigentümlichen, quietschend-knirschenden Töne durchdringen die nächtliche Stille. Sofern nicht Gebäudesanierungen bereits alle Nistplätze beseitigt haben, brüten Hausrotschwänze auf Dachbalken oder in Mauernischen. Im Sommer lässt es sich wunderbar beobachten, wie die ausgeflogenen Jungen von ihren Eltern auf Zäunen oder Wäscheständern gefüttert werden. Die ursprüngliche Heimat des Hausrotschwanzes liegt in alpinen Felslandschaften, wo man ihn auch heute noch antrifft. Vor rund 250 Jahren erkannte er in menschlichen Bauwerken jedoch künstliche Felsen und eroberte folglich die Siedlungslandschaft.

Nest in einer Nische unterm Vordach.

BEI UNS: März–Oktober (Kurzstreckenzieher) • **BRUTZEIT:** April–September, mit 2 Bruten • **LEBENSRÄUME:** Gärten, Gewerbegebiete, felsiges Hochgebirge • **ORDNUNG:** Sperlingsvögel *(Passeriformes)* • **UNTERORDNUNG:** Singvögel *(Passeri)* • **FAMILIE:** Fliegenschnäpper *(Muscicapidae)*

HAUSSPERLING • SPATZ

Ewiger Begleiter des Menschen?

Passer domesticus
14 bis 16 cm

Gartentipp
Neben dem Haus- ist auch der Feldsperling *(Passer montanus)* Gartenbewohner. Eine rotbraune Kappe und ein schwarzer Wangenfleck kennzeichnen beide Geschlechter.

Je intensiver der schwarze Kehlfleck der Männchen ausgeprägt ist, desto mehr Fitness demonstrieren Haussperlinge damit ihren Weibchen. Bei der Balz wird er daher mit stolzgeschwellter Brust, hängenden Flügeln und wiederholten Verbeugungen zur Schau getragen. Haussperlinge sind sehr eng mit dem Menschen verbunden: Seit jeher nisten sie in Nischen und Hohlräumen rund ums Haus – auch wenn sie ihre Kugelnester sogar frei in Bäumen anlegen können – und profitieren von menschlichen Nahrungsresten mitten in der Stadt. Eigentlich ist ihr „Tschilp-Tschilp“ also überall zu hören, aber der Rückgang von Sämereien und Insekten, die auch sie zur Aufzucht ihrer Jungen benötigen, sowie von Nistplätzen in übertrieben gepflegten Wohnvierteln hat sogar Spatzen in einigen Regionen seltener werden lassen.

Dieses Weibchen hat Schnakenlarven aus dem Rasen gezogen.

BEI UNS: ganzjährig • **BRUTZEIT:** April–August, mit 2 Bruten • **LEBENSRÄUME:** menschliche Siedlungsgebiete weltweit • **ORDNUNG:** Sperlingsvögel *(Passeriformes)* • **UNTERORDNUNG:** Singvögel *(Passeri)* • **FAMILIE:** Sperlinge *(Passeridae)*

Gartentipp

Für die Mehlschwalbe ist es wichtig, dass nicht alle offenen Flächen auf Wegen versiegelt werden, denn hier findet sie ihr Baumaterial. Man kann auch gezielt schlammige Pfützen anlegen.

MEHLSCHWALBE

Eleganz unter der Dachkante

Delichon urbicum
13,5 bis 15 cm

Wenn Schwalben auf der unablässigen Insektenjagd elegant ums Haus streichen, kann man sich glücklich schätzen, denn auch die Mehlschwalbe hat es als gefährdete Art auf die Rote Liste der Brutvögel Deutschlands „geschafft". Sie vollbringt wahre Meisterleistungen im Nestbau: Bis zu 1.000 Mal fliegt sie zu einer schlammigen Pfütze, um kleine Lehmklümpchen aufzunehmen und daraus ihr Nest zu formen. An geeigneten Plätzen legen Mehlschwalben ganze Reihen von Nestern außen an Gebäuden unter Dachvorsprüngen an. Hier versuchen sie jährlich mindestens zwei Bruten großzuziehen, wofür sie allerdings eine ausreichende Menge an Insekten benötigen, was immer schwieriger wird. Meist ziehen sie im September in den Süden. Ihre Überwinterungsgebiete liegen in Afrika südlich der Sahara.

Erfreulicher Anblick: Mehlschwalbennester unter einem Dachvorsprung.

BEI UNS: April–Oktober (Langstreckenzieher) • **BRUTZEIT:** Mai–September, mit 1–2 Bruten • **LEBENSRÄUME:** offene Landschaften mit Felswänden oder Gebäuden • **ORDNUNG:** Sperlingsvögel *(Passeriformes)* • **UNTERORDNUNG:** Singvögel *(Passeri)* • **FAMILIE:** Schwalben *(Hirundinidae)*

ZAUNKÖNIG

Kleiner Vogel mit schmetternder Stimme

Troglodytes troglodytes
9 bis 10,5 cm

Gartentipp
Zaunkönig-Männchen fertigen mehrere Nester im Rohbau und präsentieren sie jeweils einem Weibchen, das sie bei Gefallen vollendet. So können im selben Revier mehrere Weibchen brüten.

Wer den laut schmetternd-trällernden Gesang des Zaunkönigs erstmals wahrnimmt, würde ihn wohl nicht unbedingt einem unserer kleinsten Vögel zuordnen – unter den heimischen Vögeln sind nur Sommer- und Wintergoldhähnchen noch kleiner! Typisch ist, dass man den Gesang schon mitten im Winter hören kann. Sehr kalte Winter fügen ihm allerdings hohe Verluste zu. Er ist das ganze Jahr darauf angewiesen, kleine Tiere wie Ohrwürmer und Spinnen als Nahrung aufzuspüren. Den Zaunkönig in Ruhe zu beobachten, ist gar nicht so leicht, denn er huscht meist rastlos durch dichtes Unterholz, mit seiner braunen Musterung hervorragend getarnt. Die Nistplätze liegen gut versteckt in Hecken, Holzstapeln oder Hohlräumen. Die Nester sind oval bis kugelförmig mit seitlichem Eingang und werden aus kleinen Zweigen, Blättern und Moos errichtet.

Zaunkönigküken betteln am seitlichen Eingang zum Kugelnest.

BEI UNS: ganzjährig • **BRUTZEIT:** April–August, mit 2 Bruten • **LEBENSRÄUME:** Gärten, Parks, Feldgehölze, Wälder, Auen • **ORDNUNG:** Sperlingsvögel *(Passeriformes)* • **UNTERORDNUNG:** Singvögel *(Passeri)* • **FAMILIE:** Zaunkönige *(Troglodytidae)*

Die kleinere Blaumeise besticht mit ihren gelben und blauen Farben.

KOHLMEISE

Stets im Wettstreit mit der Blaumeise

Parus major
13,5 bis 15 cm

Gartentipp

Typisches Meisen-Verhalten an Futterstellen: Der Kern oder die Nuss wird zwischen die Zehen geklemmt und mit Schnabelhieben zerlegt.

Die Kohlmeise ist wie die kleinere Blaumeise (*Cyanistes caeruleus*, 10,5 bis 12 cm) in Laub- und Mischwäldern heimisch, wo beide Arten in Baumhöhlen brüten. In Gärten sind beide Arten allgegenwärtig. Die Kohlmeise läutet schon an milden Spätwintertagen mit ihren kräftigen „Zizidäh"-Rufen den Frühling ein. Das trällernde „Zizitirrr" der Blaumeise klingt deutlich heller. Meisen profitieren sehr von einem guten Angebot an Nistkästen, wobei kleinere Einfluglöcher von weniger als 30 mm Durchmesser der Blaumeise vorbehalten bleiben, bei größeren setzt sich die Kohlmeise durch. Bis zu 16 Eier werden ausgebrütet. Die Küken werden unablässig mit Insekten gefüttert; Raupen spielen als Nahrung eine wichtige Rolle. Nach dem Ausfliegen verfolgt der jugendliche Trupp die Eltern mit unablässigen Bettelrufen durchs Geäst.

BEI UNS: ganzjährig • **BRUTZEIT:** März–August, mit 1–2 Bruten • **LEBENSRÄUME:** Gärten, Parks, Feldgehölze, Laub- und Mischwälder • **ORDNUNG:** Sperlingsvögel *(Passeriformes)* • **UNTERORDNUNG:** Singvögel *(Passeri)* • **FAMILIE:** Meisen *(Paridae)*

MÖNCHSGRASMÜCKE

Aus dem Wald ins dichte Gartengebüsch

Sylvia atricapilla
13,5 bis 15 cm

Gartentipp
Mit ihren spitzen, feinen Schnäbeln zupfen Grasmücken geschickt Blattläuse und Raupen von Zweigen und Blättern ab. Auch Beeren wie die von Efeu oder Holunder mögen sie sehr.

Die Mönchsgrasmücke zählt zu den Vogelarten, deren Bestände entgegen den vielen Negativtrends in den letzten Jahrzehnten deutlich gewachsen sind. Das liegt daran, dass es ihr nicht schwerfiel, sich von ihrem ursprünglichen Lebensraum – lichte, gebüschreiche Wälder – in Gärten und städtische Grünanlagen auszubreiten. Selbst in Innenstädten ist sie heimisch geworden, sofern es dort Gebüschinseln gibt. Obwohl man sie eher selten zu Gesicht bekommt, weil sie sich im dichten Grün der Gehölze gut verbirgt, ist sie eine Charakterart von Gartenlandschaften, denn ihr lauter, flötender Gesang mit den langen, schnell vorgetragenen Strophen ist im Frühling allerorten unüberhörbar. Auch die napfförmigen Nester findet man kaum, denn sie werden am liebsten in dichtem Brennnesseldickicht angelegt.

Das Weibchen trägt eine rotbraune Kopfkappe.

Kopfkappe des Männchens schwarz

Flügel und Rücken graubraun, Bauch und Brust hellgrau.

BEI UNS: April–Oktober (Kurz- und Mittelstreckenzieher) • **BRUTZEIT:** April–August, mit 1–2 Bruten • **LEBENSRÄUME:** Gärten, Parks, Wälder • **ORDNUNG:** Sperlingsvögel *(Passeriformes)* • **UNTERORDNUNG:** Singvögel *(Passeri)* • **FAMILIE:** Grasmückenartige *(Sylviidae)*

Elsternest

ELSTER

Rabenvogel mit überdachten Nestern

Pica pica
40 bis 51 cm

Die Elster gehört in die Familie der Rabenvögel, die sich durch eine bemerkenswerte Intelligenz auszeichnen. Ähnlich wie die Krähen ist auch die Elster vor den Strukturverlusten und Gifteinsätzen in der intensiven Landwirtschaft in die Siedlungsgebiete ausgewichen. So ist ihr Schackern ein vertrauter Ruf im Garten. Dass sie allerdings in der Zeit, in der sie eigene Junge mit proteinreicher Nahrung versorgen muss, das Verhalten anderer Singvögel sehr genau beobachtet und gern deren Nester ausplündert, hat ihr einen schlechten Ruf als „Vogelmörderin“ eingetragen. Mittlerweile ist vielfach belegt, dass Elstern keine negativen Auswirkungen auf die Bestände anderer Vögel haben. Die Verluste sind Teil des natürlichen Geschehens und können durch Zweitbruten wieder ausgeglichen werden.

Bauch und Schultern weiß

BEI UNS: ganzjährig **BRUTZEIT:** März–August, mit 1 Brut • **LEBENSRÄUME:** Gärten, Parks, halboffene Landschaften mit Baumgruppen, Büschen und Hecken • **ORDNUNG:** Sperlingsvögel *(Passeriformes)* • **UNTERORDNUNG:** Singvögel *(Passeri)* • **FAMILIE:** Rabenvögel *(Corvidae)*

Am Futterplatz sind Elstern meist äußerst vorsichtig.

Gartentipp

Die großen Elsternester wirken durch eine sperrige Überdachung aus dichten Zweigen kugelförmig. So sollen räuberische Raben- und Nebelkrähen ferngehalten werden.

Walnüsse lässt die Nebelkrähe geschickt auf hartem Boden zerspringen.

Westlich der Elbe herrscht die gänzlich schwarze Rabenkrähe über die Gartenreviere.

NEBELKRÄHE

Als Nusskrähe beweist sie Intelligenz

Corvus corone cornix
44 bis 51 cm

Die Nebelkrähe ist eng mit der ganz schwarz gefärbten Rabenkrähe *(Corvus corone corone)* verwandt – beide werden je nach Auffassung von verschiedenen Autoren als Arten, Unterarten oder auch nur Farbmorphen einer Art geführt. Im Verhalten gleichen sie sich, aber ihre regionale Verteilung ist recht markant: Östlich der Elbe und damit auch in Berlin lebt die Nebelkrähe, im Westen die Rabenkrähe, dazwischen gibt es breite Mischzonen. Die Krähen haben Städte und Ortschaften mit den zugehörigen Gärten flächendeckend in Reviere aufgeteilt. Manchmal wird ein Brutpaar, dessen Nest meist in einer Astgabel hoch in einem Baum liegt, von einem Jungvogel aus dem Vorjahr unterstützt. Junggesellen und revierlose Krähen schließen sich zu Nichtbrüterschwärmen zusammen, die ständig die Revierbesitzer zu vertreiben versuchen.

BEI UNS: ganzjährig • **BRUTZEIT:** März–Juli, mit 1 Brut • **LEBENSRÄUME:** Gärten, Parks, halboffene Landschaften mit Baumgruppen, Wälder • **ORDNUNG:** Sperlingsvögel *(Passeriformes)* • **UNTERORDNUNG:** Singvögel *(Passeri)* • **FAMILIE:** Rabenvögel *(Corvidae)*

Rumpf weitgehend grau gefärbt

Gartentipp

Zur vielfältigen Krähen-Nahrung zählen auch Walnüsse, die sie als Vorrat verstecken. Aus großer Höhe lassen sie sie herabfallen oder sogar gezielt von Autos überfahren, um sie zu knacken.

BRAUNBRUSTIGEL

Mit Getöse durch das Unterholz

Erinaceus europaeus
25 bis 30 cm

Gartentipp

Igel schützen sich mit rund 8.000 Stacheln, die 30 cm lang werden. Bei Gefahr rollen sich Igel ein, um die ungeschützten Bereiche im Gesicht und auf der Bauchseite zu verbergen.

Wenn die Dämmerung einsetzt, erwacht der Igel in seinem Schlafnest und begibt sich auf Nahrungssuche. Wenn er seine vertrauten Bahnen durch den Garten zieht, hört man es laut rascheln und schmatzen, denn er schiebt seine Nase unter alle Blätter, um Insekten, Würmer, Schnecken, Amphibien oder auch die Gelege bodenbrütender Vögel aufzuspüren. Manchmal ist zusätzlich ein lautes Quietschen, Prusten und Bellen zu vernehmen – dann begegnen sich zwei Igel, was bei diesen Einzelgängern offenbar immer mit größeren Emotionen verbunden ist. Den Tag verbringen Igel normalerweise in Nestern unter Hecken oder Holzstapeln, in Aufzuchtnestern werden im Sommer bis zu fünf Junge geboren und dort rund drei Wochen gesäugt. Mit ausreichenden Fettreserven überwintern Igel in Nestern in Komposthaufen oder sogar unter Gebäuden.

Mit ihrem Stachelkleid sind Igel bei uns unverwechselbar.

AKTIVITÄT: April–Oktober (überwiegend dämmerungs- und nachtaktiv) • **LEBENSRÄUME:** Gärten, Parks, strukturreiche Feldflur mit Hecken, Gehölzgruppen, Stauden und Gräsern • **ORDNUNG:** Insektenfresser *(Eulipotyphla)* • **FAMILIE:** Igel *(Erinaceidae)*

EICHHÖRNCHEN

Akrobatischer Sympathieträger

Sciurus vulgaris
20 bis 25 cm (ohne Schwanz)

Gartentipp
Die runden, kuschelig gepolsterten Eichhörnchennester werden als Kobel bezeichnet. Sie liegen in Baumhöhlen, werden aus Zweigen, Rinde und Laub, aber oft auch frei im Geäst angelegt.

Eichhörnchen sehen niedlich aus und begeistern mit ihren rasanten Turneinlagen im Geäst jedes Kind. Wer einen Walnussbaum im Garten hat, kann im Herbst beobachten, wie das Eichhörnchen ihn systematisch aberntet und in Verstecken Vorräte für den Winter anlegt. Zu seiner Nahrung zählen außerdem Eicheln, Haselnüsse und die Samen in Fichtenzapfen. Im Winter bedient es sich an Vogelfutterstellen. Eichhörnchen sind territorial und untereinander recht aggressiv. Sogar zur Paarungszeit müssen Männchen in wilden Verfolgungsjagden erst ihre Fitness beweisen, bevor sie sich dem Weibchen nähern dürfen. Die Jungen werden 40 Tage lang von ihrer Mutter gewärmt und gesäugt, bevor sie ihnen erstmals feste Nahrung bringt. Um an proteinreiche Nahrung zu kommen, erbeutet sie dann Insekten und räubert auch Vogelnester aus.

Hoch im Baum liegt dieser Kobel.

Dieses Eichhörnchen hat eine Walnuss aus einem Versteck hervorgeholt.

AKTIVITÄT: ganzjährig (tagaktiv) • **LEBENSRÄUME:** Gärten, Parks, Wälder • **ORDNUNG:** Nagetiere *(Rodentia)* • **UNTERORDNUNG:** Hörnchenverwandte *(Sciuromorpha)* • **FAMILIE:** Hörnchen *(Sciuridae)*

ROTFUCHS

Heimlicher Räuber in der Stadt

Vulpes vulpes
50 bis 90 cm (ohne Schwanz)

Füchse leben mitten unter uns, auch wenn sie, wie so viele nachtaktive Mitbewohner, nur selten bemerkt werden. In Städten begegnet man Füchsen immer häufiger auch am Tag, denn sie haben gelernt, dass sie von Menschen nichts zu befürchten haben. Die meiste Zeit des Tages verschlafen sie allerdings in wechselnden Verstecken in dichtem Gebüsch oder in Hohlräumen unter Gebäuden. Auch wenn sie ihr Revier im Familienverband nutzen, begeben sich Füchse allein auf die Nahrungssuche. Sie profitieren sehr von menschlichen Abfällen, nutzen aber ebenso Beeren und Früchte. Außerdem sind sie geschickte Jäger: Sie graben Regenwürmer und Käferlarven aus, erbeuten mit geübten Sprüngen Mäuse und Wühlmäuse und sind natürlich eine berüchtigte Gefahr für alle nicht ausreichend gesicherten Haustiere, von Meerschweinchen bis zu Hühnern. In der winterlichen Paarungszeit hört man heisere Rufe. Zu Frühlingsbeginn werden die Jungen in Erdbauten geboren und begeben sich nach drei bis vier Wochen erstmals nach draußen.

In der Stadt zeigen Füchse wenig Scheu.

AKTIVITÄT: ganzjährig (stets nacht-, teilweise auch tagaktiv) • **LEBENSRÄUME:** Wälder, Felder, Städte und Dörfer • **ORDNUNG:** Raubtiere *(Carnivora)* • **UNTERORDNUNG:** Hundeartige *(Caniformia)* • **FAMILIE:** Hunde *(Canidae)*

Dieser Fuchs gräbt Junikäferlarven aus dem Rasen aus.

Gartentipp

Das nächtliche Treiben von Füchsen und anderen nachtaktiven Säugetieren wie Waschbären und Mardern kann man durch die Installation von Wildkameras im Garten dokumentieren.

SERVICE

Nützliche Adressen

Heinz Sielmann Stiftung
Sielmann-Weg 1
37115 Duderstadt

NABU –
Naturschutzbund Deutschland e.V.
NABU – Bundesgeschäftsstelle
Charitéstraße 3
D-10117 Berlin

Bund für Umwelt und Naturschutz
Deutschland e.V.
Bundesgeschäftsstelle
Kaiserin-Augusta-Allee 5
10553 Berlin

Zum Weiterlesen

Bellman, Heiko (2018):
Der KOSMOS Insektenführer. 1000 Insektenarten auf 465 Seiten mit mehr als 1400 Fotos.

Bellmann Heiko; Helb, Matthias (2022):
Der KOSMOS Libellenführer. Komplett aktualisiert. 128 Arten auf 295 Fotos mit 155 Zeichnungen.

Bellmann Heiko; Helb, Matthias (2024):
Bienen, Wespen, Ameisen. Komplett aktualisiert mit jetzt über 150 heimischen Arten.

Bellman, Heiko; Rutschmann, Florin; Roesti, Christian; Hochkirch, Axel (2019):
Der KOSMOS Heuschreckenführer. Fast 300 Arten auf über 600 Fotos und 432 Seiten vorgestellt.

Bellmann, Heiko; Ulrich, Rainer (2016):
Der KOSMOS-Schmetterlingsführer. Auf 448 Seiten Schmetterling mit Raupen und Futterpflanzen entdecken

Bosch, Meike (2020):
Bäume am Blatt erkennen. 78 Laub- und Nadelgehölze am „lebensgroßen" Blatt erkennen.

Bosch, Meike (2020):
Wildkräuter am Blatt erkennen. Mit Hilfe von Blattfotos in Lebensgröße 66 essbare, aber auch giftige Wildkräuter bestimmen.

Bürglin, Ralf (2022):
Die siehst du – Tiere um dich herum. Über 50 Säugetierarten, die man in seiner Umgebung, von Haus und Garten bis Feld, Wald und Wiese finden kann.

Hecker, Frank (2022):
Wer summt denn hier? 75 einheimische Insektenarten mit Merkmalen, die am Foto erklärt werden.

Hecker, Frank (2023):
Tiere und Pflanzen deiner Heimat. Dieser moderne Tier- und Pflanzenführer bringt Sie in wenigen Schritten zur richtigen Art. Wichtige Merkmale werden direkt am Foto erklärt. Aber es finden sich nicht nur mehr als 750 Arten, die auf über 1.000 Fotos erklärt werden in diesem Buch, sondern auch spannende Naturerlebnisseiten auf denen es Beobachtungstipps und anderes Wissenswertes gibt.

Hecker, Frank (2021):
Naturführer für unterwegs. Auf über 800 Fotos werden die 550 wichtigsten Tier- und Pflanzenarten zum Erkennen und Bestimmen in kompakter Form beschrieben.

Hecker, Fredrike (2023):
Mach was für Eichhörnchen. Wichtige Informationen und Tipps für die süßen Gartenbesucher.

Petrischak, Hannes (2021):
Welche Wildbiene ist das? 100 Wildbienenarten in verschiedenen Lebensräumen von der Küste bis zu den Alpen.

Richarz, Klaus (2023):
Fledermäuse beobachten, erkennen und schützen. Alle unsere 33 Fledermausarten werden in diesem Buch vorgestellt. Zusätzlich gibt es Tipps wie man Fledermäusen in Haus und Garten helfen kann.

Schmid, Ulrich (2023):
Heimliche Herrscher – Faszination Insekten –Spektakuläre Einblicke und Überlebensstrategien. Insekten sind nicht nur extrem wichtig für das Leben auf unserem Planeten, sondern auch sehr interessant, was ihre unterschiedlichen Überlebensstrategien angeht.

Strauß, Daniela (2022):
Gartenvögel und ihr geheimnisvolles Leben vor unserer Tür. Ein wunderschönes Lesebuch für Freunde der Gartenvögel.

Strauß, Daniela (2024):
Gartenvögel – lebensgroß. 60 Gartenvögel einfach erkennen und bestimmen, nach dem Lebensgroß-Prinzip.

Ulrich, Rainer (2022): **Wer flattert hier?**
132 einheimische Schmetterlingsarten erkennen und bestimmen und Extra-Tipps für Schmetterlingsgärten

Richarz, Klaus (2023):
Fledermäuse beobachten, erkennen und schützen. Alle unsere 33 Fledermausarten werden in diesem Buch vorgestellt. Zusätzlich gibt es Tipps wie man Fledermäusen in Haus und Garten helfen kann.

REGISTER

Blaugrüne Mosaikjungfer (Aeshna cyanea)

AUTOR

Dr. Hannes Petrischak, Jahrgang 1973, begeistert sich seit frühester Kindheit für alle Zusammenhänge in der Natur, insbesondere für Insekten. Nach seinem Biologie-Studium in Kiel spürte er Schmetterlingen im Regenwald Costa Ricas nach und gewann damit tiefe Einblicke in die Artenfülle der Tropen. Als Geschäftsführer der Stiftung Forum für Verantwortung engagierte er sich viele Jahre lang ganz besonders für nachhaltige Entwicklung: Neben dem Klimaschutz zählt der Erhalt der Artenvielfalt zu den wichtigsten Voraussetzungen dafür, dass wir unsere eigenen Lebensgrundlagen auf der Erde bewahren können. Das Verständnis der Erde als System und die Veränderungen dieses Systems durch den Menschen treiben ihn seit dieser Tätigkeit im Saarland unvermindert um. Seit 2016 leitet Hannes Petrischak den Geschäftsbereich Naturschutz der Heinz Sielmann Stiftung, setzt sich vor allem auf den großen stiftungseigenen Flächen in Brandenburg für den Schutz von Lebensräumen und Arten ein und nutzt die außergewöhnlichen Sand- und Heidelandschaften für immer neue Entdeckungen im Leben der Tiere – von Wildbienen bis zu Wisenten. Nicht jede Exkursion führt ihn allerdings in spektakuläre Schutzgebiete. Seit Jahrzehnten spürt er ebenso den Tieren rund ums Haus nach und liegt auch hier oft stundenlang auf der Lauer, um das Verhalten von Gartentieren wie Grabwespen oder Grünspechten zu dokumentieren. Die Kamera legt er generell selten aus der Hand, denn jederzeit kann auf der nächsten Blüte das nächste Highlight warten …

BILDNACHWEIS

Mit 189 Fotos: 7 von **F. Hecker** (S. 43 r., 67, 77 u., 80–81, 82 u., 90 r. und 96), 3 von **B. Boden** (S. 4, 6, 11), 2 von **F. Leo / focus-natur.de** (S. 88 o., 92-93), 1 von **H. Bellmann / F. Hecker** (S. 16), 1 von **T. Grüner** (S. 87 r.), 1 von **P. Zeininger** (S. 89 r.), alle weiteren Aufnahmen stammen von **H. Petrischak**.

Die 68 Hauptfotos der Arten sind außerdem noch einmal auf den Buchklappen abgedruckt.

IMPRESSUM

Umschlaggestaltung von Annabell Goldacker, 599media GmbH,
unter Verwendung der Aufnahmen von:
Eichhörnchen: Jan Rozehnal (istockphoto)
Zaunkönig: Rudmer Zwerver (shutterstock) und
Hauhechelbläuling: Frank Hecker

Mit 189 Farbfotos.

Unser gesamtes Programm finden Sie unter **kosmos.de**
Über Neuigkeiten informieren Sie regelmäßig unsere Newsletter,
einfach anmelden unter **kosmos.de/newsletter**

* Quelle: Media Control MC Metis, Deutschland, FY 2021,
WG 420- Natur und WG 422-Naturführer, Umsatz

MIX
Papier | Fördert gute Waldnutzung
FSC® C023164

© 2024, Franckh-Kosmos Verlags-GmbH & Co. KG,
Pfizerstraße 5-7, 70184 Stuttgart
Alle Rechte vorbehalten
Wir behalten uns auch die Nutzung von uns veröffentlichter Werke
für Text und Data Mining im Sinne von §44b UrhG ausdrücklich vor.
ISBN 978-3-440-17776-1
Projektleitung und Lektorat: Ben Boden
Grundlayout: Walter Typografik & Grafik GmbH
Satz: Katrin Kleinschrot, Stuttgart
Produktion: Markus Schärtlein
Druck und Bindung: Longo AG, Bozen
Printed in Italy / Imprimé en Italie

GARTENTIERE AUF EINEN BLICK

Fortsetzung von vorderer Umschlagklappe

Mönchsgrasmücke → S. 91

Erdkröte → S. 76

Mehlschwalbe → S. 89

Rotkehlchen → S. 83

Hausrotschwanz → S. 86

Amsel → S. 80

Zaunkönig → S. 88